项目资助：安徽省高校人文社会科学重点项目（SK2021A0283）

徽派建筑艺术风韵及传承再生研究

罗中霞　著

汕頭大學出版社

图书在版编目（CIP）数据

徽派建筑艺术风韵及传承再生研究 / 罗中霞著 . --
汕头 ： 汕头大学出版社，2023.12
ISBN 978-7-5658-5218-3

Ⅰ．①徽… Ⅱ．①罗… Ⅲ．①建筑艺术－研究－徽州
地区 Ⅳ．① TU-862

中国国家版本馆 CIP 数据核字（2024）第 003346 号

徽派建筑艺术风韵及传承再生研究
HUIPAI JIANZHU YISHU FENGYUN JI CHUANCHENG ZAISHENG YANJIU

著　　者：罗中霞
责任编辑：邹　峰
责任技编：黄东生
封面设计：优盛文化
出版发行：汕头大学出版社
　　　　　广东省汕头市大学路 243 号汕头大学校园内　　邮政编码：515063
电　　话：0754-82904613
印　　刷：河北万卷印刷有限公司
开　　本：710 mm×1000 mm　1/16
印　　张：14.75
字　　数：205 千字
版　　次：2023 年 12 月第 1 版
印　　次：2024 年 1 月第 1 次印刷
定　　价：88.00 元
ISBN 978-7-5658-5218-3

前 言

粉墙、黛瓦、层峦叠嶂的马头墙、高脊翘角的飞檐、亭台楼榭、曲径回廊以及精美的雕梁画栋构成了徽派古建筑清丽温婉、古朴典雅的和谐基调。尤为引人注目的是徽派古民居门罩、窗楣、梁柱上那犹如鬼斧神工的精雕细琢，雕刻技艺高超，形式丰富，造型逼真。这些无与伦比的建筑艺术，体现了中国古代劳动人民卓越的才能和无尽的智慧。

徽派建筑这一中国古建筑瑰宝，不仅承载着丰富的地域文化，也充满艺术韵味与历史传承。本书以徽派建筑为研究主线，从发展历史、建筑风格、艺术风韵、传承脉络等多个方面对徽派建筑进行深入研究，旨在传承和弘扬传统徽派建筑文化，探寻徽派建筑在当代的传承与再生途径，以期为广大读者展现一个丰富多彩的徽派建筑世界。

本书分为九章，全面阐述徽派建筑艺术风韵及传承再生的方方面面。第一章简单介绍中国传统建筑的传承和发展。第二章回顾徽派建筑的发展历史，探讨徽派建筑产生的背景、发展历程及历史价值。第三章着重分析徽派建筑风格，重点分析徽派建筑园林与豪宅相结合、典雅而不失风韵、饱含徽州（州、路、府名。1912年废）山川灵气的风格特点。第四章聚焦徽派建筑的艺术风韵，分析民居、祠堂、牌坊等建筑形式的艺术特色。第五章关注徽派建筑的传承脉络，分别探讨徽派建筑工艺传承脉络、文化传承脉络、民间传承脉络。第六章着重剖析徽派建筑的传承特点，徽派建筑通过工艺传承其"形"，通过文化传承其"神"，通过空

间布局、造型艺术等传承其"意"，呈现出多元传承的面貌。第七章研究徽派建筑的再生途径，从在城市公共空间环境中应用徽派建筑、传统徽派建筑与现代建筑融合、徽派建筑元素运用和应用数字化技术等多角度探讨如何实现徽派建筑再生，展示徽派建筑在新时代的发展方向。第八章论述徽派建筑的再生价值，从传承优秀徽派建筑文化、再现徽派建筑独特艺术风韵、发挥徽派建筑的价值等多个方面进行深入探究。第九章展望新时代徽派建筑的传承与再生，主要从徽派建筑文化与现代建筑设计理念相融合、徽派建筑元素促进现代建筑设计高效发展、徽派建筑文化传承和传播助力当代民族文化复兴等方面进行展望，为徽派建筑在新时代的传承和发展提供有益的启示。

　　本书力求为读者提供全面、深入的徽派建筑研究视角。在撰写本书过程中，笔者遵循学术严谨的原则，充分挖掘史料，力求客观、公正地评价徽派建筑的历史地位与艺术价值。笔者也对徽派建筑在新时代的传承与再生提出了一些建议，希望能为徽派建筑的发展提供一些有益的参考。

　　徽派建筑是中华优秀传统文化的瑰宝。传承和发扬徽派建筑文化，具有十分重要的现实意义。笔者希望本书能够为徽派建筑的研究、传承与再生贡献绵力，也希望广大读者能从中收获知识与灵感，共同致力徽派建筑这一宝贵文化遗产的传承与发展。

目 录

第一章　中国传统建筑的传承与发展

第一节　中国传统建筑的艺术魅力与文化根基

中国传统建筑是在满足人们的基本物质需求的前提下发展起来的，在选址、布局、构造、内部装饰等方面受到中国传统文化的影响，具有独特的艺术魅力和深厚的文化根基。

一、中国传统建筑的艺术魅力离不开文化根基

中国传统建筑在选址上体现出人与自然和谐共生的理念。古人进行建筑选址时往往首先考虑地形地貌、水系、气候等诸多自然因素，力求找到自然条件很好的合适的建筑位置。传统建筑选址对自然环境进行考量，体现出人们对自然的敬畏。人们综合分析各种自然条件，尊重自然规律，尽可能地减少对自然环境的破坏，使建筑能够融入自然、成为自然的一部分，使建筑环境具有自然山水的意境美。古人往往遵循背山面水、依山傍水的建筑选址原则。建筑背靠青山，可以得到山的庇护，面

朝水域,可以得到充足的水源,又可以利用水的调节作用,得到更好的气候条件。同时,合理的建筑选址也有助于获取充足的日照,确保建筑拥有良好的采光和通风,等等。在此基础上,古代建筑设计师再结合人们对生活品质的追求,打造出舒适、便利的居住环境。合理的建筑选址既可以使建筑环境具有自然山水之美,又可以确保建筑物在各个季节都能有良好的自然条件。良好的日照条件有利于居住者的生活和健康,便利的水源可以满足居住者的基本生活需求。良好的气候条件可以减少建筑的能耗,降低生活成本。

中国传统建筑设计师在建筑布局上往往高度重视建筑与自然环境的融合。建筑设计师充分考虑地形、气候和自然景观等因素,力求使建筑布局与自然环境相协调。这一点尤其体现在中国古典园林的设计中。古典园林体现了人们对自然的理解和对和谐生活的追求,通过假山、池水、草木等元素,大量模拟自然景观,呈现出具有自然山水之美的雅致、清幽的环境。在园林设计中,设计师会尽量保持自然元素的原貌和自然美,减少人为修饰和干预。古典园林不仅展现了自然的美,也体现了人们对自然之美的欣赏和追求。

中国传统建筑与自然环境相融合、中轴对称的布局反映了人们对自然的敬畏、对和谐生活的追求,也体现了中华文化中重视平衡、和谐和自然的哲学思想。

中国传统建筑在构造上多采用木结构。无论是北方的四合院还是南方的徽派建筑,通常采用木结构。中国传统建筑的木结构营造技艺非常成熟、精湛。古人甚至不用一钉一铆就可以建造出屹立几百年不倒的房子。木结构不仅使建筑更加接近自然,在环保和可持续性方面也有很高的价值。木结构的使用使得建筑与周围自然环境更为和谐,也使得居住环境更为舒适。中国传统建筑具有一套完整而成熟的结构体系。柱、梁、

枋、檩、斗拱等大木构件的巧妙组合和连接，构成稳定的建筑结构。特别是斗拱这种独特的结构形式，不仅增强了建筑的稳定性，也使建筑在视觉上更加庄严和宏伟。另外，木材易于雕刻和装饰。工匠运用代代相传的雕刻、绘画技法，对建筑的一些木构件进行精心雕刻和绘画装饰，将建筑构件塑造成艺术品。丰富多彩的雕刻和绘画使得中国传统建筑更具艺术魅力，也体现出中国传统文化的魅力。

中国传统建筑注重艺术装饰。中国传统建筑装饰体现了古代工匠的智慧和才情，也是中国传统文化的重要组成部分。对建筑物进行艺术装饰，是表现建筑特色和魅力的重要方式。建筑装饰是一种视觉艺术。人们通过对建筑物进行艺术装饰，赋予建筑丰富的文化内涵和审美价值。在中国传统建筑中，装饰通常涵盖雕刻、绘画等。中国传统建筑装饰的每一个细节都流露出工匠的巧思和对美的追求，也都承载着一定的文化信息和历史信息。

在中国传统建筑装饰中，色彩的运用十分重要。传统建筑装饰中不同的色彩不仅能产生不同的视觉效果，也具有文化内涵和象征意义。例如，在古代，黄色通常与皇权、尊贵相联系，红色象征喜庆、热烈。古代工匠对建筑装饰色彩的选择和搭配，都受到传统文化的影响。以黄色为例，在古代，它往往用在皇家建筑中，代表了皇帝的至高无上的权力。红色常常用于喜庆场合，也用于一些宫廷建筑和寺庙建筑中，以凸显喜庆、神圣的氛围，这样就有了"中国红"的说法。另外，中国的地域广阔，不同地区的建筑装饰展现出各自的特色和风格。江南地区的建筑装饰色彩比较素雅、清新，如徽派建筑的粉墙黛瓦，这种淡雅的色彩组合反映了江南水乡特有的柔美和静谧。而北方建筑的色彩则相对鲜艳、浓烈，更加突出了建筑的气势和庄严。

纹饰作为中国传统建筑装饰中的一个独特元素，也承载着文化内涵，

具有较高的审美价值。传统建筑的纹饰不仅是建筑物的装饰，也体现了当时当地的文化。纹饰凝聚了古代工匠的智慧，展现了古代工匠的精湛技艺，传达了吉祥如意、福寿安康等美好寓意。中国传统的吉祥纹饰源远流长，起源可以追溯到原始的图腾崇拜。古人赋予象形的纹饰吉祥的意义。例如，山水、云、动物、植物等纹饰，都具有象征意义。山水纹饰象征自然的和谐与美；云纹象征天空的广阔，也寓意吉祥，也就是人们通常所说的"祥云纹"；常见的兽纹有龙、凤、狮子等，它们都具有各自的寓意；植物纹有莲花、菊花、松、竹、梅等，通常象征高洁的品质。吉祥纹饰通常需要精细、复杂的设计和制作，往往能展现工匠高超的技艺和非凡的创造力。传统建筑纹饰在形式和内容上都体现了古人的审美趣味和传统文化内涵。

文字装饰也体现了中国传统建筑装饰的独特魅力，为中国传统建筑增添了丰富的文化内涵。汉字不仅在文学、历史、哲学等领域发挥重要作用，也被广泛应用于建筑装饰中，与其他装饰元素共同塑造了中国传统建筑的艺术风貌。在中国传统建筑中，文字装饰的运用形式多样，最常见的是将文字与图案相结合，如檐口和墙壁上的装饰，这种文字与图案的组合使得建筑更加美观、更有文化内涵。楹联作为一种蕴含丰富文化内涵的建筑装饰，常位于门口或柱子上。楹联通常以诗意的语言和优美的书法，表达人们的生活哲学和审美情趣。楹联是书法艺术，是一种具有诗意和哲思、音韵和谐、意境优美的艺术形式，具有很高的艺术价值和审美价值。除此之外，招牌和记事文字等也是建筑文字装饰的重要组成部分，在建筑中起到了标识和记忆的作用，反映了建筑的历史、文化背景。通过丰富多彩的文字装饰，中国传统建筑不仅展现了外在的艺术之美，也传达了丰富的文化信息和历史信息。文字与建筑的完美结合，使得每一座传统建筑都成为历史和文化的载体。中国传统建筑体现了中

华民族悠久的历史和灿烂的文化。

二、中国传统建筑受地理环境和传统文化影响

由于地理环境、气候条件、自然资源的差异，我国各地区的建筑形式和风格呈现出多样化的特点。例如，北方冬季气候寒冷，风沙较大，所以建筑通常采用庭院式布局，四合院是其典型代表，以便抵御寒风和沙尘。南方温暖、湿润，建筑多采用走廊、庭院和池塘相结合的形式，如苏州的园林，充分体现了人与自然和谐共生的理念。另外，中国是一个多民族的国家，这使得传统建筑呈现出不同的民族风情。例如，汉族的建筑讲究对称和平衡，而藏族的建筑强调垂直感和厚重感，不同的建筑满足了不同地域、不同民族的人的审美需求。总之，中国传统建筑既受到地理环境的影响，又体现出传统文化的内涵，是中华民族智慧和创造力的结晶。

作为一种非常重要的传统建筑形式，中国传统民居贴近民众的生活，最能反映百姓的居住和生产状况。中国传统民居经济、实用，讲究与自然环境相融合，受地理环境、气候条件、社会文化、经济等多方面因素的影响。中国各地的传统民居具有各自鲜明的特色。

中国传统民居建造者因地制宜，根据地理环境和气候条件确定民居的布局和建造方式。例如，北方民居为了抵御严寒和强风，常常采用紧凑、封闭的院落形式；南方民居为了适应温暖、湿润的气候，更注重通风和采光，往往采用开敞、灵活的布局形式。民居建筑的建造者还注重就地取材，这样方便获取建筑材料。各地的物产不同，民居的建筑材料和建筑技术也有所不同。在木材丰富的地区，木结构的民居比较常见，木结构因南北差异而分为抬梁式和穿斗式两种；在土石资源丰富的地方，有较多的土木结构或石木结构的房屋。这种利用当地资源、减少不必要开支的做法，也体现了民居建筑的经济性和实用性。

传统民居建筑也明显地体现出当地传统文化的特色。由于各地的历史、文化不同，传统民居的建筑风格和装饰艺术也有所不同。例如，江南的民居以精致、典雅、注重景观而著称，西北地区的窑洞、土楼则以坚固、实用、抵御风沙的特点而闻名。传统民居中有许多富有地方特色的艺术元素，如木雕、砖雕、石雕、彩绘等，这些都是民间艺术家世代传承的手艺和智慧。同时，传统民居的建造也体现了古人对自然环境的认识，体现了古人对和谐生活环境的追求。

中国幅员辽阔，有 56 个民族，不同地域、不同民族具有不同特色的传统民居建筑，这些建筑反映了不同地域、不同民族独特的文化。例如，西北地区的窑洞充分利用了当地黄土资源，是在缺乏木材、石料的条件下人们智慧的结晶。北京的四合院四面围合，中间是院落，布局严谨，体现了中原文化的特点。湘西的吊脚楼以木材为主要建材，半边悬空，适应山地多雨的自然环境。福建的客家土楼是圆形或方形的大型建筑，可以容纳几百人居住，体现了客家人的宗族观念和集体意识。蒙古族的毡包适应草原的游牧生活，轻便、可拆，便于迁移。维吾尔族的平顶住宅有丰富多彩的图案装饰，展现了鲜明的民族艺术特色。白族的"三房一照壁"以独特的布局和精美的装饰，展现了地域文化特色。这些不同地区、不同民族的民居建筑承载着当地的历史信息，反映了当地社会、经济、文化的发展。总之，中国传统民居是一部厚重的历史书，是一幅生动的文化画卷。

地理环境与气候条件等地域自然条件在很大程度上塑造了一个地区的民居建筑风格和形态，人们的智慧和创造力赋予了民居建筑独特的文化内涵和精神气质。人们充分利用本地资源，运用传统建筑营造技艺和装饰技艺，创造出符合人们生存需要和审美取向的居住空间。

第二节　中国传统建筑的保护与传承

中国传统建筑经代代相传，往往具有成百上千年的历史，具有鲜明的特征。第一，就建筑结构和材料而言，中国传统建筑主要采用木结构，采用砖、石和木材等。在中国传统建筑中，梁作为基本构件，主要用于承重，可使建筑结构稳固，这也是许多中国传统建筑屹立千百年而不倒的原因。第二，斗拱是中国传统建筑结构的关键。斗拱不仅是建筑结构元素，还是建筑形制的基本度量单位。在建筑设计中，梁、柱和其他部分的尺寸都是基于斗口模数来计算的，以保持建筑的和谐、统一。斗拱传承了中国传统木结构营造技艺，该项技艺以榫卯技术为核心，不需一钉一铆即可实现木构件的巧妙连接，体现了中国劳动人民的智慧，是人类文明的宝贵遗产，因此入选联合国教科文组织人类非物质文化遗产名录。第三，在外观形态上，中国传统建筑特色鲜明，注重屋顶的设计，尤其注重屋脊、角梁、翼角等部位的处理。建筑的这些部位通常曲直结合，形态优美，展现了建筑的飞扬姿态。第四，在装饰方面，中国传统建筑的室内和室外装饰豪华、精致。古代工匠利用各种装饰工艺和材料，对建筑构件进行精心装饰，如进行雕刻和彩绘，使得建筑充满艺术气息。第五，在总体布局上，中国传统建筑体现了古人的宗族观念和传统的社会规范。中国传统建筑布局遵循一定的主从、上下和尊卑的规则，符合古代的典章制度要求。第六，中国传统建筑还非常讲究舒适、优美环境以及文化氛围的营造。例如，牌楼、亭、榭、廊、塔等与周围环境相融合，并体现出一定的文化氛围。总之，中国传统建筑精致、典雅，具有独特风韵。中国传统建筑营造技艺精湛，独具特色。近年来，随着城市化的发展，保护和修缮传统建筑、传承传统建筑营造技艺尤为重要。

一、对现有传统建筑的保护

要实现对中国传统建筑的保护和传承，就应对现存的传统建筑进行及时和科学的修复和维护，保持其原有的风貌。中国传统建筑，无论是皇家建筑还是普通民居，都是中国人民智慧的结晶，是中华优秀文化的积淀，体现了古代的社会生产生活、艺术风格、风俗习惯、工艺水平等。中国传统建筑是历史的见证，是重要的文化遗产，应得到妥善的保护和修缮。如今，人们可采用现代科学技术，让传统建筑得到科学的修缮，从而延长其寿命。尤其应当注意，在对传统建筑进行修缮时，应该保持其原貌，尽量用相同的材料和工艺修复传统建筑，这样才能保证传统建筑的文物价值。

例如，北京的皇家建筑的保护与修缮十分出色。北京民居四合院也应得到保护。北京四合院在中国传统住宅建筑中颇具代表性，蕴含着丰富的文化内涵，承载着中国传统文化。北京的大大小小的胡同还保留着不少四合院。人们应保护好这些四合院，注重其完整性和文化价值。对于北京的传统建筑保护与传承，梁思成曾提出过"古今兼顾，新旧两利"的原则，即保留北京古城，在古城周边重建新城，这是一个很好的办法。山西平遥古城就采用了这种办法，成为保存完好的古城。

二、对传统建筑营造技艺的保护与传承

中国传统建筑营造技艺历史悠久，历经代代工匠的传承和发展，成为极具特色的成熟、精湛的营造技艺。这种营造技艺体现了古代建筑工匠的智慧，是中国非物质文化遗产的重要组成部分。传统建筑的一砖一瓦、一梁一柱，都承载着中华民族的历史和文化底蕴，是古代人民智慧和劳动的结晶。如今，在尊重和保持传统建筑原貌的基础上，应采取有效措施保护和传承传统建筑营造技艺。为此，不仅需要在政策和法规上

给予传统建筑营造技艺传承更为有力的支持和保障，也需要在社会各界，特别是专业领域内，建立起完善的传统建筑营造技艺传承和发展机制。通过各种方式和途径，如教育培训、技艺研究、文化交流等，使传统建筑营造技艺得到传承和更为广泛的传播。

为了更好地保护和传承中国传统建筑营造技艺，需要在政策、教育、文化推广等多个方面采取措施，提高社会各界对这一非物质文化遗产的认识和重视程度，创新传承方式，加强相关的研究和文献记录，为传统建筑营造技艺的传承创造更为有利的条件。

为了有效保护和传承传统建筑营造技艺，应对传统建筑营造技艺进行调查和研究。高校、研究机构以及政府有关部门应该承担起这一责任，通过设置相关的专业和部门，对传统建筑营造技艺进行系统的调查和记录。由于我国地域广阔，不同地区因其独特的自然环境和人文环境，具有各具特色的传统建筑和营造技艺，所以可对中国各地的传统建筑进行区域划分，分区域对传统建筑营造技艺进行调查和记录。这样做有助于避免重复劳动，并能够有条理地记录传统建筑营造技艺。例如，一些学者探讨并实施了这种基于自然环境和地理位置的区域划分方法，研究了不同区域环境因素（如气候和地形）与传统建筑特点之间的关系。以山东为例，根据传统建筑的特点和类型，可以将山东的传统建筑划分为若干个区域，然后对划分的各个区域的传统建筑营造技艺进行详细的调查和记录。

随着数字技术的不断发展，传统建筑营造技艺的记录手段日益多样化。目前，除文字描述、图纸绘制、影像采集、实体模型等记录方式外，三维动画和虚拟现实等也被应用于传统建筑营造技艺的保护和传承中。各类技术手段因其独特的优势和应用范围，分别适用于传统建筑不同方面的记录和展示。例如，对于传统建筑形态和构造的记录，可选择应用

文字、图纸、影像和模型；对于传统建筑的材料和建造工具的记录，可以优先考虑使用文字和影像；对于传统建筑营造流程和各个工种的施工过程的记录和展示，可以应用影像、三维动画和虚拟现实等。

传统建筑营造技艺的保护和传承，还需要与传统建筑营造技艺的宣传和推广相结合，以提高公众对传统建筑营造技艺的认识，进而增强公众的文化认同感和对传统建筑营造技艺的保护意识。具体来说，可以通过以下几个途径实现这一目标：首先，可以在传统村落、历史建筑、遗址公园等地的展示项目中，通过实体模型、影像资料、三维动画等，全面展示传统建筑营造技艺的历史、科学价值和艺术价值；其次，可以利用报纸、杂志、电视、网络媒体等大众媒体，开设相关栏目或节目，全方位介绍中国传统建筑营造技艺，以及该技艺传承人的生活和创作故事；再次，可以在中小学教育中引入与非物质文化遗产相关的课程内容，包括引入我国重要的传统建筑营造技艺的知识；最后，还可以通过举办相关的兴趣班和俱乐部，鼓励和引导公众参与到传统建筑营造技艺的学习中来。

三、传统建筑营造技艺传承方式的创新

传统建筑工匠作为传统建筑营造技艺的核心载体，扮演着至关重要的角色。传统的建筑营造技艺的传承方式是师徒相传、言传身教。例如，2003 年，文物工作者在泰顺县的一座廊桥上发现了"绳墨董直机"几个字，一路寻访，打听到当地的造桥老人董直机。董直击 16 岁时拜师学艺，开始学习木匠营生，25 岁时参与设计、建造他人生中第一座桥——泰福桥。2004 年 9 月，董直机着手建造同乐廊桥，一展埋没多年的传统木工技艺。同乐廊桥于 2005 年 11 月竣工。为了不让廊桥建造技艺失传，他教授徒弟，经过钻研，重现廊桥建造的每道工序，终于重现了失传已久的编梁木廊桥建造技艺，同乐廊桥就是编梁木廊桥。传统建筑营造技艺

就是这样师徒相传。很多传统建筑营造技艺仅仅在实践过程中口耳相传，并没有留下文字记载。传统建筑营造技艺的传承主要依靠师徒之间的口传心授，方言在这一过程中起到了重要的作用。因此，有研究者提出了以方言分布为参考，对传统建筑进行区域划分。这种基于方言的研究方法有助于更深入地了解和研究传统建筑营造技艺的传承和发展。

　　传统建筑营造技艺的传承主要依赖师徒的口耳相传。这种传承方式充分考虑了传统建筑营造技艺的实际操作，然而在当前传统工匠逐渐减少的背景下，师徒传承具有一定的局限性。师徒口耳相传的传承方式面临严峻的挑战和改革。为确保传统建筑营造技艺能够持续传承下去，有必要在继续采用传统传承方式的基础上，探索新的传承方式。政府有关部门可通过制定相应政策和奖励机制，鼓励和推动传统建筑工匠招收学徒并传授技艺。同时，应规范和完善学徒制培养模式，制订合理的学徒培养计划及学徒考核评价机制，确保学徒能够在规范化的学徒制培养模式下学习和掌握技艺。还可以成立专门的职业教育培训机构，邀请传统建筑工匠担任讲师，并与相关的古建筑设计和施工单位进行合作。可以将具体的传统建筑建造或修复项目作为实践项目，对学习者进行培训，以确保培训的理论知识能够与实际操作相结合，从而使学习者更好地掌握和应用所学知识和技能。在高等教育领域，可以在专业课程中加入传统建筑营造技艺的内容，可以聘请具有丰富经验的传统工匠作为特邀讲师，直接向学生传授相关技艺，使学生在接受现代教育的同时能够学习和掌握传统建筑营造技艺，使他们为将来的建筑设计、建造或修复工作做好准备。另外，我国需进一步完善非物质文化遗产保护的法律法规，完善非物质文化遗产传承人的认定制度和支持机制等。考虑到我国各地区传统建筑营造技艺的差异，应根据各地区传统建筑营造技艺的实际情况，制定相应的非物质文化遗产传承人认定标准和补贴政策。

四、传统建筑营造技艺的应用

中国传统建筑营造技艺是一门手工技艺。仅靠保护文物那样静态保护，无法充分赋予传统建筑营造技艺活力，无法充分发挥其价值。为了实现这一技艺的现代转型和可持续传承，推动其在市场中的应用和创新，发展其市场需求成为当务之急。

近年来，我国传统建筑市场呈现出复苏之势，主要有两个原因：一是国家对文化遗产保护的重视和支持促使很多传统建筑得到修缮和保护；二是随着中国传统文化的复兴，仿古建筑、文化旅游区等项目增多，对传统建筑营造技艺的需求相应增加。

为了更好地保护、传承和应用传统建筑营造技艺，可以选定一些具有代表性的历史建筑作为传统建筑营造技艺保护和传承基地，对这些建筑进行周期性修缮和维护，并且在修缮过程中必须遵循传统的工艺流程、使用传统的材料和工具。另外，还应加强对传统工匠的培训，使他们能满足现代文物保护的要求。可以对他们进行文物保护理念、相关法规和技术的培训，指导他们在保护和修缮传统建筑过程中更好地维护建筑的原有风貌和完整性。同时，政府还应出台相关的政策和规定，支持传统建筑营造技艺的发展。例如，在一些重要的传统建筑项目中，可以规定必须有一定比例的传统工匠参与，以此来保证传统建筑营造技艺在实际项目中的应用和传承。

在保护、传承传统建筑营造技艺的基础上，也可以尝试对其进行适度的创新应用。例如，在建筑设计和建造中，将传统建筑营造技艺与现代的材料和技术相结合，从而提高建筑的使用性能。但创新应用传统建筑营造技艺时，应注意保持传统建筑营造技艺的核心特点和价值，防止其在市场竞争中失真或失传。应认识到传统建筑营造技艺作为各地文化瑰宝，拥有无可替代的实用价值和历史价值，在此基础上，考虑如何在

当今社会使传统建筑营造技艺得到传承并焕发新的活力。

在现代建筑建造中创新应用传统建筑营造技艺，既能传承传统建筑营造技艺，又能使现代建筑具有传统特色。为了创新应用传统建筑营造技艺，建筑师需要深入研究传统建筑营造技艺，如研究传统建筑的材料、构造方式、手工技艺等。建筑师可以将传统建筑元素和营造技艺应用到现代建筑中，实现传统建筑元素和营造技艺的创新应用。以中国著名建筑师王澍为例，他设计的建筑充分体现了他对中国传统文化和传统建筑营造技艺的深入了解和高度尊重。他擅长运用传统建筑材料和传统建筑构造，强调传统工匠智慧在现代建筑设计中的重要作用。他设计的宁波博物馆的外墙采用了具有鲜明地域特色的瓦墙构造，巧妙地将传统建筑营造技艺与现代建筑美学相融合。他对传统建筑营造技艺的创新应用不仅丰富了建筑的艺术表现，也让更多人有机会了解传统建筑营造技艺。另外，建筑师可以对传统建筑材料和营造技艺进行改良和优化，使其更好地适应现代建筑的需要。例如，建筑师可以在保持传统建筑材料和营造技艺核心特色的基础上，利用现代技术手段提高材料的性能，或者对传统建筑构造进行合理的调整和优化。

第三节　中国传统建筑的发展

一、中国传统建筑的发展历程

原始社会北方的建筑从直接在地上打洞的穴居和半穴居发展到依山而建的靠山窑，再发展到平地而起的平地窑，最后发展为木结构的泥墙房；南方的建筑从依树而建的巢居演变为在木（竹）架之上建屋的干阑式吊脚楼建筑。

新石器时期，中国已有了榫卯技术。浙江余姚河姆渡遗址出土了我

国最早的榫卯，这些榫卯包括平身柱两侧插梁的榫卯、转角柱直角插梁的榫卯、连接梁或穿插枋带梢钉孔的榫和直棂阑干榫卯。

奴隶社会时期，作为中国历史上最早的朝代的夏朝的建筑展现出中国传统院落式建筑的雏形。以河南偃师二里头遗址一号宫殿为例，这里的建筑是迄今为止发现的规模较大的木架夯土建筑和庭院的早期实例。这种建筑展现了早期中国建筑的空间布局。在商代，由于手工业的发展和生产工具的发展，建筑技术水平得到了显著提高。木骨架结构和台基建筑成为这一时期的标准建筑形式。同时，四阿顶开始广泛应用于建筑中，具有时代特色的院落群产生。西周时期，社会等级制度的形成对建筑产生了重要影响。例如，《周礼》对建筑的形式、色彩和装饰都有严格的等级规定。这一时期的建筑在形式和结构上也有了新的突破，如陕西岐山凤雏村早周遗址发现了干阑式木架建筑，这是中国已知最早、最完整的四合院。此外，瓦的发明也是这一时期的重要成就，使建筑的表现形式更加丰富。春秋时期，铁器和瓦开始普遍使用，建筑技术水平得到了进一步提高。这一时期还出现了空心砖和高台建筑，体现出建筑形式和结构的创新。《周礼·考工记》的出现标志着建筑理论开始成熟。此外，春秋时期还涌现出鲁班这样的著名匠师，他们的出现推动了建筑营造技艺的发展。

封建社会前期，即从战国时期到南北朝时期，中国的建筑营造技艺得到了进一步发展。木椁的榫卯制作更加精确和多样，这反映了当时木工技术已达到相当高的水平。在城市建筑方面，《墨子》对城门、城墙、城楼、角楼、敌楼的设置原则和建造方法有详细记载，这体现了战国时期人们对城市防御和规划的重视。然而，由于各诸侯国之间的战争，一些关于城市建设规模和城墙高度的规定并未得到严格遵守。

秦始皇统一六国、建立秦朝后，进行了全面的改革和建设。统一的

法令、货币、度量衡和文字促进了社会、经济的快速发展。秦始皇对城市建设和规划也进行了大规模的实施，例如，建都城、宫殿和陵墓。秦朝的都城咸阳布局独特，摒弃了一些传统的城市规划制度，创建了许多离宫。阿房宫就是其中的代表，其庞大的夯土台基体现了秦朝建筑的宏伟。此外，骊山陵（秦始皇陵）附近发现的大规模兵马俑坑体现了秦朝陵墓建筑和雕塑艺术的成就。

汉代，建筑营造技艺和建筑风格经历了发展和变化。这一时期可以被看作中国传统建筑的一个繁荣时期，木架建筑趋于成熟，抬梁式和穿斗式两种中国传统木架结构产生，这两种木架结构在后世的中国建筑中被广泛应用。汉代的制砖工艺有了很大进步。例如，出现了空心砖、楔形砖和企口砖等多种类型的砖。拱券结构也得到了发展，被用于多种建筑结构中。汉代大规模兴建都城和宫殿，遵循了里坊制。汉代长安（今陕西西安西北）的规划和建设是汉代城市建设的代表，继承了以前城市建设的经验。汉代陵墓建筑也有多种形式，如砖墓、崖墓和石墓。其中，砖墓主要利用各种形状的大块空心砖砌筑而成。汉代建筑在形式和技术上都有所创新和发展。例如，屋面形式更加丰富，包括悬山顶和庑殿顶，斗拱作为中国木架建筑的典型元素在汉代得到了普遍应用。

三国两晋南北朝时期，由于长期混战，建筑没有得到太大的发展，基本继承和应用了汉代的建筑技术。值得一提的是，这一时期，佛寺、佛塔和石窟的建筑得到了充分发展。

隋唐时期，中国传统建筑的发展尤其体现在规模宏大的建筑群上。唐代的宫殿建筑规模宏大，规划完整，如大明宫、兴庆宫。这些建筑不仅体现了唐朝皇家的权力和唐朝的繁荣，也体现了当时高超的建筑营造技艺。佛教建筑也得到了发展，尤其是木结构楼塔的蓬勃发展促使木结构建筑营造技艺趋于成熟，使其更加规范化和程式化。但木结构的楼塔

易燃，普遍没有保存下来。而唐代的砖石塔保存得十分完整。唐代的砖石材料加工技术逐渐成熟，建筑的砖石构件制作更加精细。总体来看，唐代建筑的主要特点是，屋顶较为平缓，斗拱硕大，屋面升起直棂窗，有板门。

宋代，城市布局发生了很大的变化。木结构建筑的设计和建造更加精细，采用了模数制。此外，建筑组合和布局也更加讲究，强调空间层次感，使主体建筑更加突出。在建筑材料和装修方面，宋代的建筑注重使用各种彩色装饰，建筑装饰更加丰富多彩。此外，砖石建筑的建造水平也有所提高，例如，一些塔采用了琉璃面砖。

元代和明代的建筑在宋代建筑的基础上继续发展。在元代和明代，居民建筑普遍应用砖墙，琉璃面砖和琉璃瓦也得到了更广泛的应用。在木结构建筑方面，官式建筑的装修、装饰逐渐形成了固定的样式。明代北京的建筑更加注重体现皇家的严格制度，例如，宫殿体现了"三朝五门"和"两宫六寝"等制度。

清代，中国传统建筑在布局、营造技艺、装修和园林造景等多个方面都有较大的发展。清代的园林建筑达到了极盛阶段。特别是在江南园林和皇家园林中，造园技术尤为成熟。在乾隆年间，皇家园林，如"三山五园"（对北京西郊沿西山到万泉河一带皇家园林的总称），达到了鼎盛时期，展现了当时园林建筑的精湛营造技艺。清代，藏传佛教建筑也得到了进一步发展。例如，位于拉萨的布达拉宫和承德避暑山庄附近的外八庙，都是这一时期藏传佛教建筑的代表。清代的住宅更加丰富多样。住宅的单体建筑更加简化，建筑群体组合和装修达到了较高的水平。北京有了方正的四合院建筑。南方有了徽派建筑、闽南建筑等。清代涌现出一些建筑师。清朝工部颁布了《工程做法则例》，这对加快建筑设计和施工进度以及更加准确地使用建筑材料起到了积极的作用。在建筑内

部，斗拱在结构方面的作用减小，梁柱结构的整体性加强。另外，清代的建筑装饰更加丰富，特别是彩画装饰，如旋子彩画更加精致、应用更加广泛。

近现代，由于受到西方文化和建筑设计理念的影响，再加上新材料、新工艺的出现，中国传统建筑呈现出一些新的变化，这尤其体现在建筑形式和材料的创新上。

总体来说，中国传统建筑历经数千年的演变，形成了独特的风格，体现了精湛的营造工艺，承载了历史信息和文化内涵，是宝贵的文化遗产。这种宝贵的文化遗产也为未来的中国建筑发展提供了丰富的借鉴和灵感。

二、中国传统建筑的当代再生

中国传统建筑具有很高的美学价值、历史价值和文化价值，反映了一定历史时期人们对建筑功能的需求和审美需求。随着时代的变迁和社会的发展，人们对建筑的功能和形式有了新的认识和要求。为了满足这些新的要求，当代建筑设计师应该在适当应用传统建筑元素的基础上，更加注重建筑的功能和时代性。建筑设计师在继承和发扬传统建筑文化的同时，应该以更开放和创新的思维进行建筑设计，更加关注建筑的实用性、人性化和时代特色，这样才能使建筑在满足当代人需求的同时传承传统建筑文化。

要想实现中国传统建筑的再生，建筑设计师应当在传承物质文化的同时，注重传承非物质文化，对传统建筑的空间布局、设计和营造技艺等进行吸收与应用，从而传承传统建筑文化的精髓。同时，建筑设计师也应该具有创新精神，在传承传统建筑文化的同时，对现代建筑进行创新设计，使传统建筑元素和新的设计相结合。创新是建筑发展的动力，推动建筑不断发展。建筑的创新不仅仅是建筑形式的变化，也应当包括

建筑设计理念的变化，是满足人们对建筑的使用需求的创新，是符合社会发展潮流的创新。建筑设计师可以利用传统建筑元素和当今的建筑材料、技术手段，打造出既有传统建筑特色又有实用价值的建筑。

要实现传统建筑的当代再生，还要对传统建筑营造技艺进行保护和传承。为了保护和传承传统建筑营造技艺，应该以严谨的态度，对现存的古建筑进行研究，对古建筑营造技艺进行深入的调查，对《营造法式》等古建筑典籍进行研究，确保传统建筑营造技艺在传承过程中的准确性和完整性。

现代建筑设计师可以以实际应用为目的，对传统建筑营造技艺进行研究，寻找传统建筑营造技艺与当代建筑营造实践之间的联结点，将传统建筑营造技艺和传统建筑元素应用于当代建筑中。

传承传统建筑文化和进行创新是推动建筑持续发展的两个关键因素。其实古代建筑工匠在技艺传承过程中，就在保持传统的基础上进行适当创新。他们不仅传承旧有的建筑营造工艺和方法，还积极探索新的建筑技术、工具和材料，将其应用到传统建筑营造的实践中。这种创新精神使他们能够保持建筑营造技艺的先进性和活力。如今的建筑师也可以在学习传统建筑营造技艺的基础上，以开放的心态对待新的建筑技术和方法，可应用建筑领域的新材料、新技术和新工具，如平台化、部品化和智能化的技术手段，将其与传统建筑营造技艺相结合，打造兼具传统特色和现代功能的建筑。同时，工匠作为传统建筑营造技艺传承和创新的主体，具有丰富的专业知识和实践经验，在这种技艺的传承和创新过程中起着至关重要的作用。应当重视工匠，也要鼓励和支持他们对新的建筑技术和方法保持学习和探索的热情。

另外，在传承传统建筑文化的同时，还应追求建筑的时代性，使现代建筑在空间布局、功能、外观上满足人们的需求，使现代建筑既具有

传统建筑的特点，又具有新的功能和时尚感。

三、对未来传承中国传统建筑文化的展望

未来的中国建筑可能会更加注重传统建筑元素和现代建筑设计理念的融合。例如，建筑设计师可以在现代建筑中融入更多传统建筑元素，也可以借鉴传统建筑的设计理念，如传统建筑布局对环境的适应、传统建筑的节能设计等，将传统建筑元素和设计理念与现代科技和材料相结合，打造出既有传统建筑韵味又符合人们生活需求的建筑。例如，建筑设计师可以学习传统建筑的自然通风、采光设计，同时利用现代技术和材料，打造更加节能环保的建筑。另外，在未来的建筑设计中，设计师应该更加注重对传统文化的传承，例如，在建筑中应用传统建筑的雕刻、绘画艺术等，这不仅可以使建筑更有文化内涵和传统韵味，也有助于实现传统建筑的再生，弘扬中国传统文化。

建筑设计师传承传统建筑的精髓，并不意味着完全排斥西方的建筑设计。在经济全球化和国际交流更加频繁的未来，建筑的表面符号可能日益趋于多元化和国际化，但真正能够赋予建筑独特性和民族特色的是建筑设计"语法"。建筑设计"语法"不仅仅是一种表面的形式规则，也是更深层次的传统建筑文化的传承。它源于传统建筑文化，又不断与时俱进，适应社会的变化和需求。通过建筑设计"语法"，建筑设计师可以在保持建筑文化连续性的同时，也展示出建筑与时代相符的创新性。

第四节 中国传统建筑中的徽派建筑

一、徽派建筑在中国传统建筑中的地位

徽派建筑包括徽派民居、牌坊、祠堂等传统建筑。其中，徽派传统

民居营造技艺是具有地域性的传统木结构营造技艺，也是中国传统民居建筑史中一朵瑰丽的奇葩。徽派建筑经历了漫长的历史演变，成为中国传统建筑的一个重要流派。徽派建筑起源于中国南方地区，尤以安徽省的徽派建筑为代表。徽派建筑具有精湛的营造技艺、独特的风格和深厚的文化底蕴，在中国传统建筑中占有非常重要的地位。徽派传统民居营造技艺于 2008 年经国务院批准被列入国家级非物质文化遗产代表性项目名录。2009 年，徽派传统民居营造技艺、北京四合院传统营造技艺、香山帮传统建筑营造技艺、闽南传统民居营造技艺合成中国传统木结构营造技艺，被列入联合国教科文组织人类非物质文化遗产代表作名录。

徽派建筑典雅、独特，具有鲜明的艺术特色。其设计讲究对称和平衡，强调建筑的横向展开。徽派建筑用料考究，雕刻精美，尤其是徽州三雕（砖雕、石雕、木雕）作品具有很高的艺术价值。徽派建筑在设计和材料运用上也有其独到之处。例如，徽派建筑在保温、防潮、采光、通风等方面都有相应的设计和处理方法。通过合理的空间布局和材料运用，徽派建筑在实用性与舒适性方面有较好的表现。另外，徽派建筑作为中国传统建筑的一个代表，不仅是一种建筑形式，也是中国传统文化的载体。通过建筑的形式、结构、装饰以及与周边环境的关系，徽派建筑体现了人们的世界观、人生观和审美观。此外，徽派建筑还通过各种符号、图案、文字等元素，传达了丰富的文化信息和历史信息。徽派建筑也具有鲜明的地域特色，主要分布在安徽省、江西婺源、浙江西部，在建筑设计和构造上适应当地的地理环境、气候条件，又受到当地传统文化的影响。徽派建筑与周围的自然环境和社区环境和谐共生，体现了人与自然、人与社会和谐的理念。

徽派建筑继承了以木材为主要建筑材料、以榫卯为木构件的主要连接方式、以模数制为尺度设计和生产加工标准的建筑营造技艺体系。这

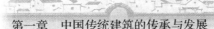
使得徽派建筑在形式和结构上展现出独特的魅力。在历史发展中，徽派建筑在传承传统建造技术和装饰艺术的基础上，也进行了技术上和艺术上的很多创新。粉墙、黛瓦、马头墙、砖雕、木雕、石雕等元素的运用，使得徽派建筑在视觉上呈现出独特的风貌。徽派建筑在具有实用功能的同时，也具有很高的艺术审美价值和学术研究价值。其独特的设计、营造技艺和装饰为人们提供了丰富的研究材料和艺术鉴赏对象。徽派建筑装饰作为民间艺术的一种表现形式，反映了人们的智慧和生活理念。徽派建筑的设计和营造都充分考虑了人们的居住需求和生活习惯，体现了人与自然和谐相处的理念。

徽派建筑在中国传统建筑中的地位不可忽视。徽派建筑是中国建筑文化的瑰宝，是中华优秀传统文化的重要组成部分，应该得到珍视和保护，在当代实现再生。对徽派建筑进行研究、保护和传承，可以更好地传承和传播中国传统建筑文化，也有助于增强人们的文化自觉和文化自信。

二、徽派建筑传承面临的挑战和机遇

传统徽派建筑作为中国古建筑中的一颗璀璨明珠，因其高超的建筑营造技艺、独特的装饰艺术受到了人们的高度评价和珍视，得到了世代传承。然而，随着社会的发展，徽派建筑的传承面临前所未有的挑战，也面临新的机遇。如今，经济快速发展，城市化进程加快，徽派建筑所在的社会环境发生了巨大的变化。城市扩张，新型建筑大量涌现。同时，现代生活方式和生活需求会影响人们对徽派建筑的使用。这些变化在某种程度上会对徽派建筑的原有结构和功能产生一定的影响。如何将这种传统建筑与现代社会生活相结合，使其更好地服务现代社会，是一个值得思考的问题。如果不能很好地解决这个问题，那么徽派建筑可能会面临失去活力的风险。相关人员需要对古代保存下来的徽派建筑进行科学

合理的修复和保护，既保持其原有的风格和特色，又使其满足现代社会的使用需求。这对他们来说是一种技术和智慧的挑战。同时，如何在新的建筑设计和营造中传承传统徽派建筑的精髓，也是一个需要面对的问题。建筑设计师不仅需要深入研究传统徽派建筑，在建筑设计中运用传统徽派建筑元素和设计理念，也需要有创新和开放的思维，以使新建筑适应现代社会的需求。

当今的科学技术为徽派建筑的传承和保护提供了强大的支持。例如，三维扫描和数字化技术可以用于对古建筑进行详细和精确的记录，为修复和保护传统徽派建筑提供数据支持。

文化旅游业的发展为徽派建筑的传承带来了前所未有的机遇。如今，很多人喜欢文化旅游活动。徽派建筑凭借其独特的艺术魅力和深厚的文化底蕴，能够满足人们进行文化旅游的需求。徽派建筑所在的村、镇作为旅游目的地，可以吸引来自各地的大量游客前来参观。这不仅能够增加当地的旅游收入，推动当地经济发展，也有助于提高徽派建筑的知名度和影响力。随着越来越多的人前往徽派建筑所在地进行文化旅游，徽派建筑的文化价值会得到凸显。在人们旅游过程中，徽派建筑能够让人们了解到中国传统建筑的魅力和价值。通过实地参观和体验，游客可以更加直观和深入地了解徽派建筑的艺术特色、历史背景和文化内涵。这种形式的文化传播更加生动和直接，能够让人们更加容易接受。将传统徽派建筑纳入文化旅游发展规划，也有助于其修复和保护。随着传统徽派建筑观光在文化旅游中的地位提高，相应的传统徽派建筑修复和保护工作也会得到更多的关注和支持。会有更多的专业人员参与传统徽派建筑的修复和保护，确保徽派建筑的传统特色和历史面貌得到更好的保留。

国家十分重视传统文化传承，为徽派建筑的保护和传承提供了有利的条件。这种重视和支持不仅体现在政策的制定和实施上，也体现在实际的资金投入和项目运作中。政府在相关法规和政策方面做了许多有益的尝试和探索，通过制定相关的保护法规，为徽派建筑的保护和修复提供了明确的指导和规范。例如，对于具有重要历史价值、艺术价值和科学价值的徽派建筑，政府会给予特定的保护，确保其不会遭到破坏或失修。政府也在资金方面给予了徽派建筑保护大力支持，通过专项资金投入，支持徽派建筑的修复和保养工作，确保其风貌和特色得以保存和传承。同时，政府也通过各种方式，如扶持、奖励等，鼓励和支持社会各界参与到徽派建筑的保护和传承工作中。社会各界积极参与徽派建筑的保护和传承，许多非营利组织和志愿者用自己的方式，为保护徽派建筑、传承传统建筑文化做出了努力。这些组织和志愿者通过宣传、志愿服务等，为徽派建筑的保护增添了新的活力。社会各界的参与为徽派建筑的保护和传承提供了强有力的支持。在这样的背景下，徽派建筑能够得到更为科学、系统的保护。未来，徽派建筑不仅会作为历史的见证得到保存，也会作为文化遗产，在新时期继续发挥其不可替代的作用。

　　跨学科合作为徽派建筑的传承和研究提供了新途径。历史学、建筑学等多个学科领域研究人员进行合作研究，可使徽派建筑的研究更为丰富和深入。研究人员通过对徽派建筑进行历史学方面的研究，可了解徽派建筑发展的历史背景和社会背景等，可以更深入地了解徽派建筑的特点和文化内涵，也能更加明晰其在建筑史上的地位和作用。研究人员对徽派建筑进行建筑学方面的研究，可以了解徽派建筑结构和营造技艺等。研究人员利用现代建筑学的研究方法和现代技术，可以对徽派建筑的结构、材料、工艺等进行科学的分析和评估。这不仅有助于徽派建筑的保护和修复，也有助于传统建筑营造技艺的传承和发展。另外，研究人员也可以从艺术的角度对徽派建筑进行研究，更加直观和具体地研究徽派建筑的装饰艺术，了解其美学价值和在艺术史上的地位。另外，研究人

员提炼徽派建筑中的艺术元素和艺术创作思想，可以为现代建筑设计提供参考和启示。

在经济全球化背景下，国际文化交流成为时代的特色之一。传统徽派建筑作为中国传统文化的瑰宝，在这样的背景下得到了前所未有的展示机会和发展机遇。其独特的装饰艺术和文化内涵通过各种国际平台的展示，能让世界各地的更多人了解，这有利于实现中国传统建筑文化的国际传播。另外，经济全球化和国际文化交流也为徽派建筑的保护和研究提供了更为广阔的合作空间和资源共享的可能。世界各地的专家、学者可以对徽派建筑进行合作研究，共同探索徽派建筑的保护和发展之路。同时，国际社会的关注和支持也为徽派建筑的修复和保护工作提供了更多的资源和帮助。在经济全球化的背景下，徽派建筑得以借助更为广阔的平台，实现文化传播和交流，获得更多的发展机会和可能。通过国际文化交流，徽派建筑不仅能展示其独特的艺术魅力，也能迸发出新的活力。

第二章 徽派建筑的发展历史

第一节 徽派建筑的产生背景

　　中国徽派建筑是中国明清时期徽州独有的一种建筑，也是中国古代社会后期发展成熟的一大古建筑流派，也被称为徽州建筑或徽州古建筑。这种建筑以其精美的砖雕、石雕和木雕装饰而闻名，装饰物通常具有花鸟、人物、神话传说等主题，具有中国传统文化的特色。

　　徽派建筑的传统特色和独特风格主要体现在民居、祠庙、牌坊和园林等建筑实物中。徽派建筑风格最为鲜明的是传统徽派民居，其特点是，一般为多进院落式集居形式，坐北朝南，倚山面水，以中轴线对称布局，面阔三间，中为厅堂，两侧为室，厅堂前方称天井，天井便于采光、通风，院落相套，造就出纵深自足型家族生存空间。徽派民居外观整体性和美感很强，高墙封闭，有马头翘角，墙线错落有致，有黑瓦、白墙，色彩典雅大方。

　　徽派建筑中的"三雕"（木雕、砖雕、石雕）堪称徽派建筑的一大特色，使建筑精美如诗，令人叹为观止。徽派建筑通常具有复杂的屋顶结构，有各种檐口、飞檐和角楼等。此外，徽派建筑的布局和构造也遵循

一些古老的传统。

徽派建筑的产生与徽州的历史、地理环境密切相关，也与当地的建筑材料、经济状况、社会特点、传统文化相关。徽派建筑集中反映了徽州的山地特征和地域美饰倾向。同时，江南民间的"徽州帮"匠师集团对徽派建筑的形成也起了重要作用。

一般来说，任何建筑的产生最初都是从满足人类实用需求开始的。历史、地理环境决定了建筑的结构形式，地方建筑材料是建筑的基础构成，经济条件是徽派建筑产生、发展的物质基础，文化是徽派建筑产生和发展的精神支柱。

一、徽州的历史、地理环境

徽州辖今安徽省和江西省的部分市县地，古称歙州。歙州为隋开皇九年（589年）所置。唐末，徽州成为两浙道的组成部分。北宋宣和三年（1121年），平镇方腊起义后，歙州改名为徽州。自此徽州之名历经宋、元、明、清四个朝代，徽州所辖地区包括今安徽黄山、歙县、黟县、休宁、绩溪、祁门和江西婺源。1912年，废徽州府留县，原领县直属安徽省。1934年，婺源被划归江西省。

徽州历史上是古越人的聚居地，山多林密，因处于崇山峻岭中，所以历史上称为"山越"。山越人历来崇尚简朴，由此诞生了一种简单、经济的适应当地环境的房屋类型——杆栏式房屋。杆栏式房屋以竹、木为骨架，以茅草盖顶，颇为简陋，时间长了，容易干燥、开裂，人们只得拆除重建，很费事。另外，这种房屋安全性和防盗性不够，隐私性也差。随着中原士族大量迁入，中原文化逐渐融入徽州，中原文化与古山越文化的融合也通过建筑形式体现出来。早期的徽派建筑仍保留杆栏式建筑的特征，一层矮小，楼厅宽敞，楼上厅室作为主要起居场所。

随着时间的推移，徽州的经济和文化逐渐发展，徽州民居建筑逐步

演变为一层高大宽敞、楼上简易的建筑。后来，随着砖墙防护的安全性、排水系统的通畅性以及室内木板装修的防潮作用显现，徽派建筑的白色石灰粉墙产生。皖南山区较潮湿，石灰粉墙具有防潮功能。石灰粉墙可以大量吸收空气中的水分，以保持建筑墙体干燥，使墙体不至于因雨水的冲刷而坍塌。由此形成的粉墙黛瓦的建筑形态，掩映在青山绿水之间，形成了如诗如画的建筑景观和人居环境。

徽派建筑的产生离不开徽州特殊的历史、地理条件。徽州地处浙江、安徽、江西三省交界处，是中国南方的山区地带，地形多为崇山峻岭，多雨，湿度较高。这种地理环境决定了当地建筑必须具有防潮、排水、抗震等特点。徽派建筑在建筑材料、结构、形式上都有其特点。

二、徽州的建筑材料

徽州的山地地形和气候条件决定了徽州建筑必须具备防潮、排水、抗震等特点，这就对建筑材料、结构、形式提出了特殊的要求。在建筑材料方面，徽州丰富的林木资源为木构架的房屋提供了充足的建筑材料。木质材料具有良好的隔热性、吸音性和防震性，所以能够有效地抵御地震、降低室内温度和防止雨水渗漏。

徽派建筑结构的特点在于梁柱结构十分坚固耐用。粗壮的木梁（俗称"冬瓜梁"或"月梁"）和立柱能保证房屋结构稳定，具有一定的承载力。梁柱间的连接采用榫卯结构，能够很好地抵抗地震和风灾，保证了建筑的安全。此外，徽派建筑结构的设计还注重排水系统的设置，以保证房屋内部干燥，防止雨水侵入。徽派建筑材料和结构设计体现了徽州特殊的地理环境和气候条件下的建筑技术。

徽派建筑的外观装饰简约大方，富于变化。有马头山墙和石灰粉墙等成为徽派建筑的标志性特征。

马头山墙采用了将房屋两侧的山墙升高至超过屋面及屋脊并以水平

线条状的山墙檐收顶的建筑形式。为了避免山墙檐与屋面的高差过大，徽派建筑采用顺坡屋面逐渐跌落的形式，不仅节约了建筑材料，还使山墙面高低错落，富于变化。马头山墙的出现始于明代。人们建马头山墙的目的是防止火灾蔓延。徽派建筑以木结构为主，人们稍有不慎即引发火灾。尤其在建筑密集区，火灾更容易造成重大损失。明代官员何歆为了解决徽州火灾问题，下令以五家为一组建造高出屋面的山墙，以阻挡火势。这一做法得到了实践的证明，对减少居民密集区的火灾损失大为有效。因此，后来居民建造房屋时都自觉地将房屋两侧的山墙建成具有封火功能的墙面。除了具有实用功能之外，马头山墙的高低起伏也增强了徽派建筑的美感。

石灰粉墙是为了防潮而建的，能够吸收空气中的水分，保持建筑墙体的干燥，防止雨水冲刷导致的墙体坍塌。

马头山墙和石灰粉墙不仅体现了徽派建筑的文化内涵，也能适应徽州的自然环境和气候条件，满足建筑的实用性和美观性的双重需求。

三、徽州的经济

古代的徽州，水路交通比陆路交通更为便捷。徽州最早走出去经商的是祁门人。昌江源自祁门大洪山，流经祁门、浮梁和鄱阳，注入鄱阳湖。人们从鄱阳湖可进入长江。祁门人通过这条水路去往四面八方，非常便利。唐代，徽州的茶叶通过浮梁运出去。南宋定都于临安府（今杭州）后，徽州的新安江流域水运日益活跃，徽商逐步形成势力。明代中期至清代道光年间是徽商鼎盛时期。从经商人数、商人活动范围、经营行业、商业资本等方面看，徽商处于全国各商人集团的首位。那时，经商已成为徽州人的"第一等生业"。徽商活动范围非常广泛，足迹遍布全国各地，甚至发展海上贸易。长江中下游一带有"无徽商不成镇"的谚语。徽商经营利润高的盐、典当、茶叶、木材，其次是粮食、棉布、

丝绸，其他无所不包，商业资本达到惊人的程度。清代两淮盐商中，有一半以上是徽商。徽商财富雄厚，声名显赫，对长江中下游一带的城镇建设起到了很大的推动作用。徽派建筑正是在这种商业繁荣的背景下产生的。

徽商的经济实力增强，他们对建筑的投资就越来越多。徽商发财后，回家修祠堂、建园第，以此彰显自己的地位和财富。徽商的建筑需求催生了建筑业的繁荣，为徽派建筑的发展提供了必要的条件。

徽派建筑的装饰反映了徽商的经济实力和审美追求。徽派建筑有大量精美的雕刻、彩画等，体现了徽州的文化底蕴和徽商的审美追求。

综上所述，徽商的经济实力为徽派建筑的发展提供了必要的条件，徽商的审美追求为徽派建筑的装饰提供了精湛工艺的保障。

四、徽州的社会特点

古代徽州呈现出显著的宗法社会特点。在这样的社会背景下，家族祠堂成为族人的活动中心，也是宗族文化的传承载体。各村各族除了总祠之外，按派系还分别建有支祠。家族中出现地位显赫的人，其子孙还可以建家祠以显其荣。这些祠堂建筑规模宏大，而且工艺精湛，是徽派建筑的重要组成部分。

徽派建筑的产生和发展与徽州的经济实力和宗族综合能力密不可分。徽商作为徽州经济的主体，在长江中下游一带发展出了广泛的商业活动，累积了巨大的财富。徽商财力雄厚，通过资助建造祠堂来展示自身的宗族文化和社会地位，也促进了建筑的传承和发展。在徽派建筑中，祠堂建筑是数量最多、规模最大、工艺最精湛的建筑类型，体现了徽州宗族文化的核心价值观和建筑技术的卓越水平。

徽州的社会特点也对徽派建筑的风格和特点产生了深远影响。徽派建筑在建筑形式、功能布局、装饰艺术等方面体现了徽州的宗法社会特

点，如宗族血缘观念、尊卑等级制度、礼制文化等，形成了独特的建筑风格和建筑语言。徽派建筑体现了建筑和文化的统一，通过建筑装饰和文化符号的运用，表达了徽州人民的价值观、审美情趣和精神追求，是中华民族传统建筑的杰出代表之一。

五、徽州的传统文化

徽州是中国历史上一个文化灿烂的地区。徽州山民历来质朴，但随着北方中原士族不断迁入，风俗由质趋文。宋以后，徽州文化逐渐昌盛，名士辈出，文化水平得到不断提升，教育的发展也在徽州得到了重视。徽州家庭注重子女教育，尤其重视诗书传家、家风。这种注重教育的风气对徽派建筑的发展起到了促进作用。书法、绘画、金石篆刻、音乐、戏剧、数学、物理等方面涌现了许多杰出人才，这些人才为徽派建筑的发展提供了强有力的支持。

徽派建筑注重对自然环境的利用和融合，与徽州的自然风光、历史文化相互辉映。由于徽州文化的影响，徽派建筑注重细节和装饰，风格独特，且具有艺术性。在材料选择和工艺方面，徽派建筑也受到文化的影响，传统的手工制作工艺和材料运用得以传承和发展。徽派建筑凭借其独特的文化内涵和艺术价值得到了广泛的认可和欣赏，成为中国传统建筑中的一颗璀璨明珠。

综上所述，徽派建筑是在特定的地理环境中，受特定的社会背景、经济条件以及文化影响，经过了较长时间演变，才得以形成的。徽派建筑是中国的文化遗产，徽派建筑工艺是徽州古代劳动人民智慧的结晶。为了保持地方特有的建筑风格，许多专家、学者和建筑师正在进行研究和探索，以期打造出徽派新建筑，使传统徽派建筑文化得到传承和发展。

第二节　徽派建筑的发展历程

徽派建筑产生于徽州，其发展历程可以追溯到南北朝时期。徽派建筑经过了长期演变和发展，最终形成了独特的风格和技术体系。徽派建筑的发展历程可分为三个阶段：起始阶段、鼎盛阶段和后期发展阶段。

一、徽派建筑发展的起始阶段

徽派建筑的发展历史可追溯到南北朝时期。从南北朝至五代十国，徽州的建筑以佛寺为代表，基本上呈现出梁式的特点，又称"徽州梁式"。此时期的建筑以木结构为主，其特点是粗犷、简陋、大方。建筑物的结构比较简单，未形成严格的规制和标准。

在徽州建筑发展的早期阶段，建筑的材料、结构、装饰等都比较简单，建筑材料以木材为主，屋顶采用悬山式。在唐代，徽州出现了一种新的建筑形式：歇山式建筑。歇山式建筑是指在一进深的建筑上覆盖双坡屋顶，中间有一段平顶，形如两座山。歇山式建筑的出现是徽州建筑的一大进步。徽州歇山式建筑的特点是檐口翘曲，破折和弧形饰物丰富多彩。檐口体现了歇山式建筑最为鲜明的特点，它的翘曲和破折是为了增强建筑的层次感和立体感，也为雨水流畅地排出提供了便利。在檐口的装饰方面，徽派建筑以传统的民间艺术为基础，具有砖雕、石雕、木雕等，展现出丰富多彩的装饰图案，富丽堂皇。

在唐代以后的五代十国、宋、元时期，徽派建筑的发展进入一个新的高峰期。在此期间，徽州出现了一种新的建筑形式：马头墙式建筑。马头墙式建筑是指在屋顶两端立起石雕或木雕的马头，作为建筑的装饰和支撑。马头墙式建筑的出现使徽派建筑更加富丽堂皇、更加精致。此外，徽州还出现了一种新的建筑材料：花岗石。花岗石硬度大，结实耐用，非常适合用来作为建筑的结构材料。在徽派建筑中，花岗石主要用

来做门楼、牌楼、桥墩、亭台等建筑的部件。花岗石的运用使徽派建筑更加稳固、更加耐用。

在装饰方面，徽派建筑在早期发展阶段表现出自然主义特征，以山水景观、花卉、动物等自然物象为主要装饰元素，充分利用了徽州丰富的自然资源。徽派建筑早期的装饰多采用石雕、木雕、泥塑等技法。这些技法不仅能够很好地表现出自然物象的特征，也体现出当地工匠精湛的手工技艺。例如，徽州盛产香樟树，香樟树因其高大挺拔、树皮纹理优美，成为徽派建筑中常见的建筑材料，也常常被用于雕刻装饰。徽派建筑的香樟木材雕刻技法十分熟练，能够展现出栩栩如生的各种动植物造型。这些装饰物件不仅能够使建筑更美观，也彰显出徽派建筑精湛的工艺。

在早期发展阶段，徽派建筑装饰也受到了佛教艺术的影响。早期的徽派建筑中常常出现佛教题材的雕刻，这些雕刻以佛像、罗汉、菩萨、神兽等为主要内容。佛教题材的雕刻常常出现在寺院和私家园林等场所，为徽派建筑增添了一些神秘、神圣的气息。

二、徽派建筑发展的鼎盛阶段

徽派建筑发展的鼎盛阶段主要在明清两代，特别是明代中期至清代道光年间。这时期，徽派建筑风格逐渐形成，徽派建筑具有明显的区域性和特色，已经有了完善的规制和标准。在此时期，徽派建筑发展到了一个新的水平，更为高雅、精致，成为中国古代建筑的瑰宝。徽派建筑结构更加复杂，檩柱、砖雕、彩画等开始应用于建筑之中。徽派建筑成为徽州的标志性建筑，且对中国古代建筑的发展产生了重要的影响。

明代，随着徽州商业的繁荣，建筑业也得到了空前的发展，徽派建筑开始呈现出丰富多彩的特点。明代是徽派建筑发展的关键时期，也是徽派建筑鼎盛时期。在明代，徽州经济繁荣，商业活动频繁，徽派建筑

得到了迅速发展。同时，明代社会也发生了一些变化，这些变化对徽派建筑的发展产生了影响，促进了徽派建筑的改进。明代徽州的城市化进程加快，城市规模扩大，城市建筑的需求增加。为了满足这一需求，徽派建筑在规模和结构上有所改进，更高、更大，结构更为复杂和精细。另外，徽派建筑在南北朝至唐宋时期发展的基础上，进一步完善了建筑结构体系，以木结构为主，梁柱结构更加稳定、牢固，抗震性能更强。同时，建筑空间的布局更加科学合理，突出了建筑的主次分明和功能分区，体现了人们对居住生活的深刻理解和实践经验。

明代的徽派建筑艺术特色更加突出。明代的徽派建筑的装饰和构造工艺更为精湛，使徽派建筑在中国建筑史上占据了重要的地位。徽派建筑在这一时期的装饰更加细腻、生动，注重表现细节和情感，给人以更为深刻的艺术印象。例如，徽州的宏村古建筑群就是明代徽派建筑的代表之一，其装饰非常精美，给人以深刻的艺术印象。这一时期，雕刻技艺有了明确的划分，主要分为砖雕、石雕、木雕等技艺，其运用更加成熟，装饰更加华丽、精美。木雕技艺在徽派建筑中得到了广泛应用。在徽派建筑中，木雕往往被用于梁柱、门窗、屏风、扇面、壁饰、楹联、天花等部位的装饰，表现出精细的雕刻技艺和细腻的造型感。

另外，明代徽派建筑不仅在城市中心的衙门、府邸、寺庙、会馆等公共建筑中得到了广泛应用，还在园林建筑中形成了特色，如潜园、西园等。

总的来说，明代是徽派建筑发展的关键时期，徽派建筑在规模、结构和艺术特色等方面都得到了改进。这一时期的徽派建筑在当时和后世都产生了深远的影响，在中国建筑史上具有重要地位。

三、徽派建筑的后期发展阶段

徽派建筑后期发展阶段主要是清末和民国时期。在这个阶段，随着

政治和社会的变化，徽派建筑逐渐式微，虽然仍然保持着一定的特色，但已不如前两个阶段那么兴盛。这时期的徽派建筑更加注重实用性，结构相对简单，装饰也不再像前两个阶段那样考究。此外，西方建筑元素随着中外交流的深入开始逐渐渗透徽派建筑中。

清末至民国初期，徽州的经济和社会发生了一系列的变化，徽派建筑也发生了相应的变化。一方面，随着近代工商业的兴起和现代化建筑的涌现，徽派建筑逐渐失去了其在当地经济和社会中的主导地位，而变成了一种传统文化的代表和文化遗产。尤其是徽派建筑呈现的独特风格、精湛工艺和丰富的文化内涵成为中国传统文化的代表和文化遗产。在此背景下，对徽派建筑的维护和修缮工作得到了更多的关注和投入。不少富有的地方政府和私人都进行了资助，以保护和传承徽派建筑文化。另一方面，清代晚期和民国初期，随着现代化进程的推进，徽派建筑在功能和形式上都发生了一些创新和变化。首先，在功能上，一些新的商业建筑和公共建筑的兴建使得徽派建筑的功能更加多样化和实用化。比如，银行、邮局、学校、医院等建筑的出现，需要徽派建筑的设计和装饰符合现代化建筑的需求。同时，这些公共建筑也成为新的城市景观和文化标志，体现了城市的面貌。其次，在建筑设计和装饰方面，一些新的艺术风格和工艺技术被引入，使得徽派建筑在艺术表现上更加多样化。比如，在建筑材料上，玻璃、钢材等现代化建材的应用为徽派建筑提供了新的设计和装饰手段。在装饰方面，在西洋画的影响下，雕花、彩画、贴金等装饰手法被广泛应用于徽派建筑，为徽派建筑增添了现代化和西化的元素。

在这一阶段，新的建筑风格也开始被引入徽派建筑中。比如，近代中西文化交流使得新式洋楼、新式中西合璧的建筑风格在徽派建筑中开始出现。这些建筑不仅吸收了西方建筑的一些特点，也保留了徽州传统建筑的特色，成为徽派建筑中的一道新风景线。

总之，随着现代化进程的推进，徽派建筑在功能和形式上有了更多的创新和变化。这些创新不仅让徽派建筑更好地适应了当时的社会和经济需求，也丰富了徽派建筑的艺术表现，为徽派建筑文化的传承和发展打下了坚实的基础。

第三节　徽派建筑的历史价值

徽派建筑作为中国传统建筑的重要分支之一，具有很高的历史价值，主要体现在建筑史价值、艺术史价值、社会历史价值、文化遗产价值四方面。

一、建筑史价值

徽派建筑是中国传统建筑的重要组成部分，是中国建筑史上独特的建筑风格的代表。徽派建筑的起源、演变、鼎盛，以及衰落和继承，都是中国建筑史上的重要阶段，对于研究中国传统建筑的演变过程具有重要价值。

徽派建筑在建筑史上的重要性主要体现在其独特的建筑形式和工艺技术上。徽派建筑在结构上采用了木结构和榫卯结构相结合的方法，非常坚固、稳定。此外，徽派建筑在雕刻、绘画等方面也有独特的表现，充分体现了中国传统建筑的美学价值和艺术水平。

徽派建筑在建筑史上的价值还体现在其对社会文化、地理环境、历史时期和生活方式等的反映上。徽派建筑的风格和特点受到了徽州自然环境和社会文化的影响，体现了中国传统文化和建筑理念。同时，徽派建筑也体现了中国古代社会生活的方方面面，如宗法制度、礼教观念等，成为中国古代社会生活的一个缩影。

二、艺术史价值

徽派建筑在建筑设计、工艺技术和艺术装饰方面都有独特的表现，具有很高的艺术价值。徽派建筑在建筑设计方面强调"天人合一""精神先于物质"，在工艺技术方面注重工匠精神，通过巧妙的结构和精美的装饰展示了中国传统建筑的艺术魅力。徽派建筑不仅体现了中国古代建筑技艺的高超水平，也融合了各个历史时期和不同地域的建筑风格和文化特色，展现了中国传统文化的多元性和包容性。

徽派建筑的形式和装饰具有很高的审美价值。徽派建筑形式以厅堂、楼阁、亭台、廊道等为主，其特点是结构严谨、造型简洁、比例协调，展现出中国建筑审美的特点。同时，徽派建筑的装饰非常精美，以花鸟、人物、山水等为主题，采用浮雕、镂空、彩画等多种技法，营造出细腻、生动、富有变化的装饰效果，展现出中国传统工艺美术的独特魅力。

徽派建筑因其独特的风格和精湛的工艺，与其他建筑有着明显的差异。徽派建筑讲究平面布局的对称、对景的对称、墙面的平直和色彩的素净。徽派建筑在建筑材料的选用、加工和安装等方面，都有其独特的工艺和技术，这些工艺和技术是中国传统工艺的重要组成部分。例如，徽派建筑的木结构、彩画、木雕和石雕等，都体现了徽派建筑的工艺精湛。

徽派建筑的艺术价值还体现在徽派建筑对中国传统艺术的影响上。徽派建筑的形式和装饰在中国传统建筑和工艺美术中具有重要的地位，在明清时期对中国传统艺术的发展产生了深远的影响。同时，徽派建筑也对中国现代建筑和艺术的创新和发展产生了积极的影响，成为中国传统文化与现代文化融合的重要载体之一。

总之，徽派建筑作为中国传统文化的重要组成部分，具有丰富的文化内涵和很高的艺术价值，对中国传统文化的传承和发展具有重要意义。

三、社会历史价值

徽派建筑的社会历史价值也非常高。徽派建筑作为徽州建筑文化的代表，反映了中国古代社会的宗族观念、礼教观念、人文关怀等，体现了徽州的传统文化。同时，徽派建筑也反映了徽州的经济、政治、文化等的发展历程，是研究中国古代社会历史和文化的重要资料和文化遗产。

（一）反映了徽州的宗族文化和社会制度

徽派建筑反映了徽州宗族文化和社会制度，在建筑构造、布局、装饰等方面都体现了宗族文化和社会制度的特点，如门神、家训、家族谱牒、宗祠等。

1. 门神

徽派建筑的门神一般是指门前悬挂的对联或画像。在徽州的门神中，不仅有汉字的对联，还有门神画像以及一些石雕或木雕的门神像。这些门神形象或文字多以传统神话、历史典故、道德故事等为题材，既体现了徽州文化，又反映了徽州的历史和风土人情。

2. 家训

徽州宗族文化中的家训是指一些家族代代相传的家规、家训，旨在教导家族成员尊重传统、遵守礼仪、勤俭持家、恪守道德准则等，以维护家族的尊严和团结。家训通常写在特制的木板上，挂在宅门或室内，成为家族的精神指南。徽派建筑中的家训板常常被雕刻得十分精美，不仅是一种艺术品，也是宗族文化的重要载体（图 2-1）。

图 2-1　南湖书院家训馆

3. 家族谱牒

徽派建筑中的家族谱牒是记录家族历史、血统、分支和世系的重要资料。在徽州，家族谱牒有重要的社会意义和文化价值。它不仅是家族成员联系和沟通的纽带，也反映了家族历史、文化和传统。在徽派建筑中，家族谱牒通常会安置在祠堂或家庙的某一处，以彰显家族的威望和传统。

4. 宗祠

徽派建筑中的宗祠是家族祭祀的场所，也是家族文化传承的载体。宗祠不仅是宗族信仰和文化的象征，也是家族集体行为和社会文化的体现。宗祠通常建在村落的中心位置，是村落的精神中心和社会交往的重要场所，如图 2-2 所示。

图 2-2　宏村毛氏宗祠

（二）体现了社会经济的发展历程

徽派建筑的发展历程也体现了中国社会经济的发展历程。从徽派建筑形式、装饰风格、雕刻工艺等方面可以看到不同时期中国社会经济发展水平和文化特征。例如，明清时期的徽派建筑在工商业发展和城市化进程中扮演着重要角色，清末民初的徽派建筑受到了西方文化的影响，出现了新的艺术风格和工艺技术。

（三）对地域文化起到保护和传承的作用

徽派建筑是徽州的文化遗产，对于保护和传承徽州地域文化具有重要意义。徽派建筑代表了徽州的建筑特色和文化精髓，它的保护和传承有助于保护、传承和传播徽州文化。

（四）对建筑工艺、雕刻技艺等起到保护和传承的作用

徽派建筑涉及建筑工艺、雕刻技艺、装饰等。徽派建筑工艺、雕刻技艺等是中国传统文化的重要组成部分。保护徽派建筑，有利于保护和传承建筑工艺、雕刻技艺等，有利于传承和传播传统文化。

四、文化遗产价值

徽派建筑是中国传统建筑的一个重要分支，承载了丰富的历史文化信息，反映了徽州在历史上的政治、经济、文化和社会制度等的特点和变迁。徽派建筑为人们研究中国传统建筑文化提供了重要的实物资料，为人们研究中国建筑史提供了重要的参考和突破口，如徽派围屋、徽派宗祠、徽派城楼、徽派园林等。

徽派围屋是一种特殊的居住建筑，特点是四周围墙，只有一个入口，形似要塞。人们通过研究徽派围屋的建筑形式、构造、布局以及相关的风俗习惯，可以深入了解当时徽州的文化和社会制度。

徽派宗祠是徽派建筑的重要组成部分，体现了徽州人重视家族和宗族文化的传统。人们通过研究宗祠的建筑形式、布局、装饰和相关的文化传统，可以了解徽州的宗族制度、族谱记载、宗法礼制等。

徽派城楼是徽州城市建筑的重要代表。人们通过研究城楼的建筑形式、布局、功能以及相关的历史文化，可以深入了解徽州城市发展的历史以及当时的社会制度、文化和艺术。

徽派园林是徽派建筑的重要组成部分，也是中国传统园林的重要代表之一。人们通过研究徽派园林的建筑布局、景观构造、造景手法、艺术表现等，可以深入了解当时徽州的园林以及当时的社会制度和文化背景。

徽派建筑风格独特，装饰精美，具有较高的艺术价值。徽派建筑注

重对称、比例、色彩和图案的协调，绘画、雕刻等具有很高的水平，具有独特的艺术风格和技艺体系。徽派建筑中的绘画、雕刻等不仅是徽派建筑文化的重要组成部分，也是中国传统文化和艺术的重要代表之一。

徽派建筑也成为当地旅游业的重要组成部分，带动了当地经济和文化的发展。

总之，徽派建筑不仅具有丰富的历史文化信息、很高的艺术价值，也反映了徽州的社会制度和宗族文化，是中华优秀传统文化的一部分，具有很高的传承价值。

第三章 徽派建筑风格

第一节 园林与豪宅合二为一

徽派建筑风格常常表现为园林与豪宅相结合，如西递、宏村、歙县徽州古城等的徽派建筑。徽派建筑之所以体现为园林与豪宅相结合的形式，主要是受到徽州地理环境和当地社会文化传统的影响。首先，徽州多山，水系发达，素以山水著称，因此在建筑规划和布局上，徽派建筑充分利用了自然环境，与自然景观有机结合，形成了一种园林式的建筑风格。其次，徽州的社会文化传统十分注重家族和家庭，宗族制度严格，家族血缘关系至关重要，因此徽派建筑在设计和布局上，注重体现家族血缘关系，多为大型的豪宅或宗祠，内部设有多个院落和房间，空间结构具有层次感和封闭性。这种园林式的建筑风格和代表着家族等级制度的富有层次感的空间结构，使得徽派建筑在艺术上更具有观赏性和欣赏价值。

一、依山傍水成园林

徽派建筑中的园林和豪宅以精巧的布局、细腻的造园技艺为特征，

并充分利用地形地貌，注重意境表达，形成了独特的建筑风格。

（一）精巧的布局

徽派建筑中的园林往往是经过精心规划和布局的，以实现视觉上的平衡与和谐。园林中的各种元素，如假山、水池、亭台、花草树木等，都有其固定的位置和布局方式，使得整个园林看起来非常精致。

徽派建筑的园林的布局通常采用中轴对称的设计，使得整个园林给人以规整的感觉。在徽派建筑的园林中，中轴线将整个园林划分为左右两部分，重要的建筑和景观元素沿中轴线排布，形成了井然有序的布局。此外，在中轴线两侧还常常设置对称的景观元素，如亭台、假山、石桥等，以突出中轴线的重要性，体现整个园林的对称美和平衡感。

徽派建筑的园林还表现出层次感和立体感。徽派建筑的园林往往通过山石和水景的设置，被分成多个不同的区域，通过不同的高度差，形成了明显的层次感。园林中往往有高低错落的建筑和景观元素，如假山、亭台、楼阁等，以突出整个园林的立体感和层次感。

徽派建筑的园林还注重细节和不同元素的配合。徽派建筑的园林中的各种元素，如假山、水池、亭台、花草树木等，相互配合和协调，使得整个园林看起来非常精致（图3-1）。

图 3-1　徽州大宅院

（二）细腻的造园技艺

徽派建筑中的园林不仅注重整体布局的和谐美，也注重细节和精致的造园技艺。园林中的各种元素都经过精心设计、雕琢和装饰，使得园林呈现出精致、细腻的美感。

在徽派建筑的园林中，亭台楼阁是常见的建筑元素。这些亭台楼阁不仅是园林中的装饰品，也是游人休憩和观赏园林美景的场所。这些亭台楼阁多采用楼阁式、厅堂式、庑殿式等建筑形式，具有典雅、精致的特点。这些亭台楼阁的屋顶多采用歇山顶、拱券顶、硬山顶等形式，装饰有各种雕刻和彩画，如砖雕、石雕、木雕、彩绘等。其中，石雕和木雕技艺尤其精湛，具有很强的艺术感染力和很好的装饰效果。

假山是徽派建筑的园林中不可或缺的景观元素。徽派建筑的假山在制作工艺、造型、装饰方面都非常精致。假山不仅仅是石头的堆叠，还有丰富的装饰。假山造型多样，有"奇山异石""山水奇观""山明水秀"等不同的风格。假山中的石洞、石桥等都经过精心设计和制作。同

时，假山还与各种花草树木和水池相配合，构成了自然、和谐的景观（图
3-2）。

图 3-2　奇石与水景组合

　　水池也是徽派建筑的园林中的重要元素。徽派建筑的水池不仅是园林中的装饰，也是园林景观的重要组成部分。水池形状多样，有方形、圆形、多边形等不同的造型。水池的周围常常布置有各种花草树木，还配有亭台、楼阁等建筑，形成了和谐的园林景观。水池中的鱼、龟、莲花等也是园林中的重要元素。

（三）充分利用地形地貌

　　徽派建筑中的园林注重对自然环境的利用，将自然与人文相融合，体现出自然之美和自然之神韵。在园林设计中，徽派建筑师通常会充分利用地形地貌，如山石、河流、水池等，以此来布局园林景观。园林设计者往往会根据地势起伏和周围环境对园林景观进行精心设计和布置，使得整个园林与自然环境融为一体。

　　徽派建筑师常常会利用山石布局园林景观。徽派建筑师善于利用自然的地形地貌，在园林中适当加入假山、真山等元素，使得整个园林看

起来更具层次感和景深感。例如，西递、宏村等的园林建筑中都有精致的假山，山石景观与其他景观相结合，构成了优美的园林。

徽派建筑师也会引水入园。水池在园林中起到装点景观、降温、增湿等多重作用。徽派建筑师通过水池的布局，使其与周围环境融为一体，使园林景观具有自然美。例如，西递、宏村等的园林建筑中都有精致的水池，其大小、形状、深浅等都经过精心设计。水池与周围的建筑和自然环境相呼应，构成优美的园林。

徽派建筑中的园林还常常利用河流和自然植被布局。例如，徽州古城的祠堂和三清宫都建在河畔，利用自然河流景观和周围植被的装点，形成了独具徽州特色的园林景观。

（四）注重意境表达

徽派园林不仅注重景观的美观，也注重对主人情感和思想的表达，通过文学作品、书法作品等来营造具有文化内涵的氛围。徽派园林中常常设置有诗碑、书法作品等，这些艺术作品与园林相得益彰。例如，陈府花园是一座极具特色的徽派园林，内部遍布诗词、书法、石刻等文化遗产，如"觅句轩""墨香轩""离骚亭""抱犬亭"等。这些文化遗产不仅为陈府花园增添了独特的艺术魅力，也为游客提供了丰富的文化体验。

徽派园林的意境还常常通过植物来表达。徽派园林常用的植物有桂花、梅花、竹子等。这些植物有着深刻的文化内涵和象征意义。比如，梅花在徽州文化中代表坚韧不拔，竹子代表高洁。在园林中，这些植物被精心地摆放，表达主人对人生和生命的思考和感悟，增添了园林的意境和韵味，如图3-3所示。

图 3-3　徽派园林大宅院

二、徽商与徽派豪宅

徽派建筑中园林式豪宅风格的形成与徽商密不可分。徽商以豪宅体现自己的身份、地位、审美情趣和社会价值。

（一）徽商

徽派豪宅的兴建与徽商的兴盛密不可分。在明清时期，徽商在长期的经商活动中积累了大量的财富，常常将财富投入豪宅兴建中，以显示自己的社会地位和经济实力。

自明清以来，徽州商业蓬勃发展，徽州文化因此繁荣。徽商扮演了非常重要的角色。他们既懂得经商，也懂得治家和办事，而且善于经营，业绩卓著，被誉为儒商。

徽商的追求体现在两方面：一是腰缠万贯，满腹经纶，希望经商致富，达到现实目标；二是进身仕途，光宗耀祖，实现理想抱负。他们不仅善于经商，还注重家族传承，注重家族的声誉和发展。他们走出徽州，

遍布全国,不断向外拓展,甚至在海外开拓新的市场和商机,推动了经济的发展和文化的繁荣。例如,歙县的尧千世于1864年在上海开设了徽墨厂,徽商胡雪岩于1874年在杭州创办了中药店,黟县张小泉在杭州开设了剪刀店。徽商对药店、茶行、盐业、建筑业均有涉猎,还多次抵达海外进行贸易。徽商的活动遍及全国,远达海外,可谓"无徽不成镇"。徽商对徽派豪宅的产生起到了重要作用。徽商具有经济实力,通过商业贸易和投资,积累了大量的财富,为徽派豪宅的兴建提供了物质基础。很多富有的徽商兴建了宏伟的豪宅。这些豪宅不仅是居住场所,也是财富和地位的象征。

徽商并不单纯将人生理想寄托于物质财富的积累上,还追求"贾而好儒""亦贾亦儒"。徽州的商人和知识分子往往既懂经济,也懂文化,物质和精神都富有。这也体现在徽派建筑中,尤其体现在他们的园林式豪宅中。例如,那些独特的徽派建筑造型,包括马头墙、庭院天井、飞檐翘角、斗拱等,都有书法、绘画、雕刻等艺术的装饰和美化。建筑和艺术元素、自然环境、传统文化相融合,体现了徽州人的人生观、价值观和审美情趣。

(二)徽派园林、豪宅独特的艺术风格

徽派豪宅通常采用园林式布局,建筑与园林融为一体,营造出富丽堂皇、典雅清幽的氛围。在豪宅的设计和装饰中,徽商注重细节处理和精湛的工艺。具有徽州特色的建筑风格由此产生。例如,徽商采用精美的雕刻和绘画装饰豪宅,将自然景观和文化内涵融入其中,营造浓厚的人文氛围。同时,徽商还注重建筑与周围环境的协调,充分利用地形地貌,将建筑融入周围的自然环境,打造出自然与人文相融合的景观。

徽派豪宅的建筑风格和装饰风格通常也反映了徽商的文化品位和审

美趣味。徽商注重教育和文化。徽派豪宅的装饰中常常融入诗词、书法、绘画等文化元素，以表达主人的情感和思想，体现徽州文化的博大精深。

　　徽商往往是家族的代表。他们建造的豪宅往往具有较大的规模，并有家族特征，具有徽派建筑特有的聚合性和团结性。徽派豪宅中的门神、家训、家族谱牒等文化遗产也反映了徽商对家族传承和家族荣誉的重视。

第二节　典雅而不失风韵

一、自然古朴、隐僻典雅的传统徽派建筑风格

　　徽派建筑遵循自然原则，不刻意追求时尚与潮流，恪守古代传统，尊崇儒家思想、道家思想、佛教思想，以朴素、淳厚为美。徽派建筑与大自然保持和谐，以大自然为依托，充分利用地形地貌、水系等自然条件，如图3-4所示。徽派建筑的古朴与其地理环境、社会背景和文化传统相适应。

图3-4　歙县石潭村

徽派建筑常常依山傍水、背山面水，这是其与自然环境相适应的客

观反映。徽州山高路险，溪水回环，虽然有曲径通幽、柳暗花明的美感，但整体给人以寂寥清僻、闭塞偏远的感觉。这种隐僻使得徽派建筑更具典雅之美。正如清代乾隆年间盐商方西畴写的《新安竹枝词》："山乡僻处少尘嚣，多往山陬与水涯，到死不知城市路，近村随地有烟霞。"

（一）墙高、宅深的传统典雅建筑风格

徽派建筑深宅大院，整体布局严谨、有秩序。从前庭到天井，再到厅堂和卧室，徽派建筑的每一部分都有明确的功能分区和空间安排，形成了富有层次感和韵律感的空间序列。天井不仅给建筑内部带来充足的自然光线，还能保持通风，使居住环境舒适。封火墙围绕建筑四周，保持安全和隐私，同时凸显出庄重、典雅的氛围。

另外，高墙深宅的设计还反映了徽州人对家族传统、宗族观念的尊重。随着子孙繁衍，房子一进一进地套建起来，形成了世代相传的家族宅邸。这种建筑凝聚了家族的力量，传承了家族文化，展现了古典美。

徽派建筑高墙深宅充分利用了有限的土地空间，形成了紧凑的居住环境。宅院进门处为前庭，中设天井，后设厅堂，厅堂后以中门隔开，为一堂两个卧室，后又设一道封火墙，靠墙设天井，两旁设厢房。这只是第一进院。第二进院结构为一脊分两堂，前后有两个天井，中有隔扇，卧室四间，堂室两间。第三进院、第四进院甚至更多进院大体上保持着这样的结构。如此深宅往往居住着同一个家族，子孙代代繁衍，房子一进一进地套建起来，故有"三十六天井，七十二槛窗"之说。这种建筑群落在视觉上别具一格，远看似古堡，近观则充满了生活气息。徽派建筑独特的艺术魅力使徽派建筑成为中国古建筑的一大典范。

（二）马头墙

马头墙是徽派建筑中的一种具有独特美学价值和实用功能的建筑元素。马头墙起到了防火、防风的作用，满足了村落密集房屋的安全需求。同时，其独特的造型与精美的装饰使其具有很高的审美价值，赋予了徽派建筑独特的典雅美。

马头墙的构造层次分明，沿着屋面坡度层层递落，具有层次感。墙顶的排檐砖与小青瓦相结合，展现出古典的建筑韵味。这种层次分明的构造使得马头墙在视觉上更具吸引力，为徽派建筑增添了古典美，如图3-5所示。

图3-5 马头墙

马头墙顶端的搏风板（金花板）以及各种座头装饰，如鹊尾式、印斗式、坐吻式等，充分展示了徽派建筑的精湛雕刻工艺。这些精美的装饰赋予了马头墙独特的艺术魅力，彰显了徽派建筑的古典美。

马头墙作为徽派建筑的典型元素之一，承载着地方文化与民间传统。它不仅反映了古人对生活环境的关注和对灾害的防范，还体现了徽派建筑对传统工艺技术和美学观念的继承与发扬。马头墙与周围的山水环境相得益彰，其形态与自然景观相互映衬，为徽派建筑营造了宁静、典雅的氛围。

（三）天井

天井（图3-6）作为徽派建筑中的一种重要元素，也具有古典美学的特征。首先，它融合了实用性和美学。有了天井，屋内得以光线充足，空气得以流通，室内空间与自然界相连，保障了居住环境的舒适，还体现了人与自然和谐相处。

图3-6　天井

天井还与传统文化相结合，具有美好的寓意。过去，经商之人追求财源滚滚，天井使雨水流入堂中，仿佛财富不会外流，具有"四水到堂"的吉利寓意。这种寓意体现了徽派建筑与地域文化、民间信仰的紧密联系。

天井的设置给徽派建筑带来了独特的空间布局。三间屋的天井设在厅前，四合屋的天井设在厅中，形成了丰富的空间层次。这种空间布局使徽派建筑更具特色、更具审美价值，展现出其典雅美。

天井往往也体现了徽派建筑装饰之精美。匠人利用雕刻、彩绘等装饰天井，极尽所能地展现对细节的追求和对艺术的独特品位。这些装饰使得天井成为一种富有艺术感的空间，增添了徽派建筑的古朴、典雅。

二、一样的典雅，别样的风韵

建筑流派纷呈，各具特色。徽派建筑因品类众多而造型多样。虽然

它们整体上看都有古朴、典雅的特征，但事实上民居有民居的古朴，宗祠有宗祠的肃穆，园林有园林的优雅。在建筑的形制、结构、空间布局、装饰、色彩方面，它们又自成一派，独具风韵。

徽派建筑的典雅主要体现为整体布局严谨，线条流畅，与周围的自然景观相融合，宁静、大气。此外，徽派建筑师还注重造型简练，以简洁、流畅的线条勾勒出建筑物的轮廓。如果说这造就了徽派建筑统一的典雅、大气，那么不同的装饰、色彩、人文气息则成就了不同的徽派建筑的不同风韵。

（一）徽派"三雕"

徽派建筑的"三雕"（砖雕、石雕、木雕）的图案多为花鸟、山水、人物等传统题材，形象生动，寓意深远。

砖雕在徽派建筑中具有重要地位，尤其是外墙砖雕。砖雕题材丰富，如人物、动植物、山水等，线条优美，立体感强，具有很高的艺术价值。

石雕在徽派建筑中主要应用于台阶、石栏、石柱等处。石雕题材繁多，以传统的寓言故事、吉祥图案为主。石雕工艺精湛，造型生动，为徽派建筑增添了丰富的文化内涵（图3-7）。

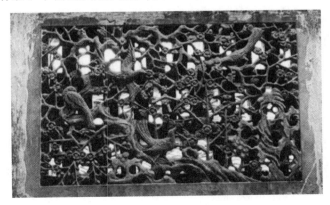

图3-7　宏村四喜登梅石雕

在徽派建筑中，木雕技艺被运用到了极致。木雕多用于窗棂、梁架、门楣等部位，图案内容丰富多样。木雕作品造型精美，线条流畅，富有动感，展现了工匠高超的技艺和艺术创造力（图3-8）。

图 3-8　卢村志诚堂木雕

徽派建筑的雕刻艺术在体现传统文化底蕴的同时，也展现了徽派建筑独特的风韵。在徽派建筑中，建筑师和工匠通过雕刻手法展示了自然和人文的和谐，传达了对美好生活的向往和崇尚。这些装饰不仅彰显了工匠高超的技艺，还传递了徽派建筑的精神内涵，如孝道、忠诚、谦逊等传统美德。

（二）色调

徽派建筑整体色调柔和、温婉，主要是因为采用青砖、木结构、白墙等建筑材料和构件，这些材料和构件色调柔和，具有很强的质感。青砖、白墙与飞檐之间的过渡，形成了宁静、典雅的氛围，给人以宁静致远的美感。

青砖是徽派建筑的主要建筑材料之一，色泽青黑，质地细腻。青砖具有很强的吸湿性和透气性，因此在湿润的江南能够保持室内空气干燥。同时，青砖经过长时间风化，会呈现出一种古朴、沧桑的质感，为徽派建筑增添了历史的厚重感。

　　徽派建筑中的白墙是其显著特征之一。白墙厚实而质朴，为建筑提供了稳固的支撑。白墙与青砖相映成趣，具有简约、宁静的美学效果。白墙还具有很好的反射性能，能够有效地调节室内光线，使室内环境更加明亮。

　　徽派建筑的飞檐造型优美，线条流畅。

　　徽派建筑的主体结构以木材为主，色调自然、质朴。木材经过精雕细琢，展现出木纹的美感。木结构的天然色彩与青砖、白墙相互映衬，营造出一种温馨、自然的氛围。飞檐与青砖、白墙、木结构相结合，使建筑呈现出一种轻盈、柔美的气质。此外，飞檐还具有很好的遮阳、排水功能，为建筑提供了良好的保护。

（三）自然与人文和谐

　　徽派建筑师注重使建筑与周围的自然环境相融合，充分考虑地形地貌、水系等因素，将建筑与自然景观相结合，使建筑物与自然景观相得益彰，营造出典雅的生活氛围（图3-9）。徽派建筑反映了徽州丰富的历史文化，如儒家思想、道家思想、佛教思想等，这些文化元素深入建筑设计、装饰艺术、民俗风情中，使得徽派建筑具有独特的人文韵味。

图3-9　建筑与自然的融合

　　儒家思想是徽派建筑的重要文化基石之一。儒家崇尚家庭伦理、孝道、忠诚等，这在徽派建筑中得到了体现。例如，徽派建筑中的祠堂、书院等反映了家族传承、学术传承，体现了儒家敬祖、重视教育的观念。

　　道家强调"道法自然"，主张与自然和谐相处。徽派建筑在设计和布局上遵循这一原则，与周围自然环境相融合。徽派建筑师运用借景手法，将周围山水风光引入院落，使建筑与自然景观相得益彰，这体现了道家思想的影响。

　　佛教强调"内心修行"。人们在徽派建筑中也能看到佛教文化的痕迹。徽派建筑中的禅院、寺庙等为人们提供了静心修行的空间。徽派建筑中的一些装饰元素，如莲花、佛像等，也体现了佛教文化的影响。

　　徽派建筑中融入了丰富的民俗风情，如建筑中的装饰图案、民间传说等。这些元素反映了徽州的民间信仰和风俗习惯，增添了建筑的人文韵味。

第三节　饱含徽州山川灵气

一、徽派园林的山水特性

徽派园林包含四大核心元素：山水景观、植被、建筑艺术以及书画。园林艺术家运用其智慧，遵循美学原则，将这些元素巧妙地结合，呈现出美丽的园林景观，供人们欣赏、游览和休息，实现愉悦身心、陶冶情操的目标。

徽派园林内的山水景观分为自然山水和人工山水两类。有的园林以自然山水为主，有的以人工山水为主，还有的兼具两者。以歙县石雨园林为例，它主要利用了自然山水景观。清代诗人徐楚为此作了《初至石雨》诗："十里流泉五里峰，山楼山尽碧芙蓉，乍来未辨东西路，昨夜月明何处钟。"此诗描述了溪流、山峰、芙蓉和明月等自然美景，也提及了夜半钟声和观月楼阁。另外，曹文敏于乾隆年间修建的歙县非园内有排青榭、听雨窗和广寒梯等。歙县桂溪继园为明代崇祯年间项氏家族所建，内有德聚楼、亲莲室、漱芳斋和梦草居等。歙县修园是汪氏别墅，清代袁枚游览黄山时曾在此与文人墨客欢聚。这些园林虽然也融入了自然山水之美，但以人工景观为主。歙县蕉园、不疏园等既有自然山水，又有人工山水，两者互相衬托，各具特色。

清代画家石涛对自然山水有这样的说法："山川，天地之形势也。风雨晦明，山川之气象也；疏密深远，山川之约径也；纵横吞吐，山川之节奏也；阴阳浓淡，山川之凝神也；水云聚散，山川之联属也；蹲跳向背，山川之行藏也。"（《苦瓜和尚画语录》）其中的"晦明""疏密""纵横""阴阳""浓淡""聚散""向背""行藏"等，也适用于园林艺术。此外，顾盼、照应、主从、虚实、动静、参差、奇正等，也是园林的特点。

徽派园林利用自然山水，增强美感。徽派园林中的自然山水具有动

静、软硬、黑白之美。

（一）动静

动态是指事物的运转、流动和发展状态。静态是运动的间歇、停顿和休止。动态是绝对的、永恒的，静态是相对的、暂时的。清代连朗《绘事雕虫》云："山本静也，水流则动。"陈从周《说园》云："在园林景观中，静寓动中，动由静出。"徽州有丰富的山水资源与天然的动静相互映衬的环境，所以采撷自然山水之美成为徽派园林的重要特点。清代孙茂宽《新安大好山水歌》描绘了"千峰万峰错杂出，嫣然天宇为修眉"的白岳（齐云山）、黄山，又刻画了"摇艇江中涵万象，碎月滩上月痕迟"的水景，诚可谓"新安之山宇内奇，山山眺遍神不疲。新安之水宇内胜，水水汇流棹可随"。《新安大好山水歌》在描绘山时，展现出层峦叠嶂、高峰插云的壮美；在描绘水时，展现出清澈明净、川流不息的景致。这种山静水动的特殊美跃然纸上。这就是新安山水的真实写照。新安水系曲折迁回，环绕诸山，使静态的山体也呈现出流动之感，这就是动中带静、静中有动。徽州山脉蜿蜒起伏，远近高低，各展其姿。徽州之山坐落在江水之畔，仿佛在控制水的流速，使流水也呈现出静态，这就是以静制动、动中有静。依山傍水的徽派园林引入了这种动静相生的美。

（二）软硬

软指的是事物柔润、缠绵的状态。硬指的是事物刚毅、坚固的特质。山具有刚性，水具有柔性，但山也有柔美之处，水亦有刚劲之时。硬属于阳刚，软属于阴柔。

徽州的山兼具软硬特质，既刚柔并济，又有阴阳之美。从山势来看，有的山有万仞峭壁，有的蜿蜒曲折，有的犹如龙腾虎跃，有的危岩峻峨；

从山之风姿来看，有的山大气磅礴，有的巍峨，有的壮丽，有的幽深远邃。这些山均体现了阳刚之美。山之柔美也随处可见，如青翠满目、秀丽可人、繁花似锦、万紫千红等。

对于水，老子《道德经》第七十八章有这样的描述："天下莫柔弱于水。"徽州水系流经之处，或涟漪层叠，或浪花翻滚，或涓涓细流，或波涛汹涌。水性偏柔，但也蕴含阳刚之美，因为它有时也呈现出惊涛拍岸、波浪千堆的壮美。

总的来说，徽州山水兼具软硬之美，阴柔与阳刚并存。徽州山水影响着徽州的园林景观，如婺源石耳山园林、石门山园林、方山园林、福山园林、凤凰山园林、水口园林等。清代光绪年间吴鄂主编的《婺源县志》中引的诗句："石耳山头望大荒，海门红日上扶桑。山连吴越云涛涌，水接荆扬地脉长。"（游芳远《题石耳绝顶》）此诗所写石耳山园林中的山水，气象万千，富于阳刚之美。万国钦《福山书院留题》："迂纡萝径入云深，更有清飚发磬音。堂启自然随石罅，泉流九曲傍岩阴。"此诗所写福山书院园林景色堪称山清水秀，曲折多姿，富于阴柔之美。

（三）黑白

黑表示事物黝黑、隐晦、实在状态。白表示事物明亮、光辉、虚空状态。黑属于有，白属于无。然而，黑之有并非绝无仅有，而是寓无于有；白之无并非空无一物，而是无中生有。书画家所说的计白当黑正含无中生有之意。邓石如说："常计白以当黑，奇趣乃出。"（转引自包世臣《艺舟双楫·述书上》）清代画家华琳在《南宗抉秘》中说："凡山石之阳面处，石坡之平面处，及画外之水、天空阔处，云物空明处，山足之杳冥处，树头之虚灵处，以之作天、作水、作烟断、作云断、作道路、作日光，皆是此白。夫此白本笔墨所不及，能令为画中之白，并非纸素之

白，乃为有情，否则画无生趣矣。"这种白是需要黑反衬、映照的。所以，他又说："白者极白，黑者极黑，不合而合，而白者反多余韵。"这些话也适用于徽派园林艺术。

徽派园林艺术具有知白守黑之美，这种美体现在两方面：造型和意境。在造型方面，徽派园林充分利用了黟县青、歙县黛、婺源青等山石资源，凸显出独特的浓郁、凝重、光润、黝黯特质，以及形象的立体感。徽派园林设计不做烦琐堆砌，避免拥挤和堵塞，营造出情韵疏宕、空灵之美。例如，位于黄山外石礁岭谷的歙县供中园林是汪道昆的别墅，内外有云绕高山，石猴拱揖，瀑布飞下，流泉玲琮，空明旷远，寂寥宁静，展现了虚白之美。歙县秀野庄园林、三峰精舍、石雨草堂等也是如此。

在意境方面，徽州山水园林的知白守黑之美远超黑白色彩本身，展现为象外之象。唐代诗人刘禹锡在《董氏武陵集记》中说："境生于象外。"如果将徽派园林的造型视为象，那么园林造型展现出的意境就生于象外。前者是看得见、摸得着的，后者则是知觉上的、引发人们想象的美。徽派园林让人陶醉其中，回味无穷。例如，位于歙县沙溪的临清楼是明代御史凌润生的读书别墅，是一座典型的山水园林。石国柱修、许承尧纂的《歙县志》卷一记载："楼临小溪，居两桥之间，竹树夹岸，相映成趣。"楼、溪、桥、竹、树等元素构成的空间，具有幽深、宁静的意境，呈现出难以言传的美感。歙县丰南曲水园（图3-10）、潜口紫霞山麓水香园等也具有相似的特点。

图 3-10 曲水园

二、徽派园林的叠山理水

徽派园林融合了自然山水与人工山水之美。从狭义的角度看，人工山水的设置、构建与改造，可称为叠山理水。叠山是堆砌土石建造山，理水是引导溪流、创建池塘。用泥土和石头象征高山险峰，用一道水和一眼泉代表江河湖海。人工山水旨在模仿和概括自然山水，传达其神韵，如计成在《园冶》中所描述："虽由人作，宛自天开。"园林艺术家将自然山水的灵气移植到人工山水中，使园林生机勃勃、充满活力。然而，人工山水与自然山水终究有所不同，特别是假山，与真山相对应。

计成《园冶》："有真为假，做假成真。"李渔《闲情偶寄·居室部》："混假山于真山之中，使人不能辨者，其法莫妙于此。"真山为假山之蓝本，假山为真山之模拟。真得假之变，假得真之趣。李斗《扬州画舫录》："名园以累石胜。"徽派园林中的假山就是如此。它具有瘦、漏、透、皱、

怪等特点。明代文人郑元勋在《影园自记》中写道："庭前选石之透、瘦、秀者，高下散布，不落常格，而有画理。"李渔在《闲情偶寄·居室部》中写道："言山石之美者，俱在透、漏、瘦三字。此通于彼，彼通于此，若有道路可行，所谓透也；石上有眼，四面玲珑，所谓漏也；壁立当空，孤峙无倚，所谓瘦也。"

假山在徽派园林中具有特殊的神韵、风采：

第一，瘦。瘦就是面目清癯，形体修长，瘦骨嶙峋，突兀峻削。瘦的精髓是风清骨峻。此外，瘦并不单指造型，也比喻精神。唐代书法家窦臮在《述书赋》中说："虽则筋骨干枯，终是精神崄峭。"窦臮之兄窦蒙在《〈述书赋〉语例字格》中说："瘦，鹤立乔松，长而不足。"李渔《闲情偶寄·居室部》云："瘦小之山，全要顶宽麓窄，根脚一大，虽有美状，不足观矣。"徽派园林中的叠石山峰以瘦为美。只有瘦山峰才能完全展现山的危峻之美，展现小中见大的意境。

第二，漏。这里的漏指的是石头上的孔洞玲珑剔透，疏密得当，气流活跃，富有生机。漏石清新，没有腐浊之气；通达，无堵塞之弊。具有漏之美的石头可谓千姿百态，各具风姿，以太湖石最著名。扬州徽派园林的假山常用太湖石堆砌。李斗在《扬州画舫录》中提到歙县汪氏在扬州建的南园别墅的假山就是用太湖石叠成的。但徽州园林的假山多就地取材，当地石材并不逊色于太湖石。例如，黟县的碧山黑、歙县的潜口碧、休宁的齐云青、祁门的石龙白、绩溪的龙川紫、婺源的龙尾石（色泽多为苍黑，也有青碧），均在徽州园林中争奇斗艳，各展风采。这些石头在常年的水流中不断受到冲击，产生了形态各异的孔眼。它们凹凸不平，爽朗明净，曲直有致，清丽俊美。

假山并非凡漏皆美。其漏而不圆者，始可跻身美的行列。若一味圆眼，则有失风神。李渔《闲情偶寄·居室部》云："石眼忌圆，即有生成

之圆者，亦粘碎石于旁，使有棱角，以避混全之体。"此说甚是。徽派园林的假山也是如此。

第三，透。透与漏虽然有一定的相似性，但也有所区别。透表示透彻和通畅，但不局限于岩石孔洞中的漏。假山之漏系指孔眼之透，但范围仅限于孔眼本身，而不涉及其他更为广泛的领域。透相较于仅限于孔洞的漏，具有更广的范围，包括假山孔洞的透、假山空间的通透、假山与周围环境的组合和布局的通透性。假山空间的通透既指假山象征的峰峦迤逦起伏、线条流畅，又指假山内部洞的空透。李渔在《闲情偶寄·居室部》中说："假山无论大小，其中皆可作洞。洞亦不必求宽，宽则借以坐人。如其太小，不能容膝，则以他屋联之，屋中亦置小石数块，与此洞若断若连，是使屋与洞混而为一，虽居屋中，与坐洞中无异矣。洞中宜空少许，贮水其中而故作漏隙，使涓滴之声从上而下，旦夕皆然。"这里所写的屋洞相接、若断若连、漏隙滴响，都是指假山内部空间的通透。此外，假山应与周边景观、建筑和物体互相呼应，空灵活泼，形成通透、意境悠远的空间，从而激发人们无尽的想象，此即透的效果。祁门许多书院园林的假山，如少潭讲院、南山书堂、窦山书院、竹溪书院等的假山，皆具有此特点。

透并非完全暴露、一览无遗，而是既藏又露、内涵丰富。晚清歙县著名诗人许承尧诗："胸有不平意，因之营假山。居然小丘壑，兼复巧回环。"（《友人书来讯山中事，戏成十四首答之，解除格律，取足宣意云尔》）他又咏"累累太古石"假山云："一峰引一壑，一阁承一楼。玲珑辟牖户，掩抑通遐陬。"这些诗句生动地展示了假山的通透性。这表明假山并非孤立存在，而是与周围环境紧密联系的。假山与环境相互依存，构成通透空间。徽派园林的假山如图 3-11 所示。

图 3-11　曲水园的假山

第四，皱。这里的皱是指假山表面的纹理和凹凸状态。假山纹理交织，明暗相间，起伏变化，形态多样，具有山水画般的美感。清代陈维城《玉玲珑石歌》："一卷奇石何玲珑，五丁巧力夺天工。不见嵌空皱瘦透？中涵玉气如白虹。石峰面面滴空翠，春阴云气犹蒙蒙。一霎神游造化外，恍疑坐我缥缈峰。"假山的皱、瘦、透就是如此。清代马汶在《绉云石图记》中所说的"嵌空飞动""迂回峭折""绲缊绵连"，虽针对绉云石而言，但也可用来揭示假山石的皱的奥秘。

徽派园林中假山纹理之皱态最珍贵的是天然的。假山的石痕之阴阳向背、曲直深浅都是天然的。清代高兆《观石录》云："其峰峦波浪，縠纹腻理，隆隆隐隐，千态万状。可仿佛者，或雪中叠嶂，或雨后遥冈，或月淡无声、湘江一色，或风强助势、扬子层涛。"此虽比喻之辞，却可用来描述徽派园林假山皱的特色。李渔在《闲情偶寄·居室部》中把皱的特色归结为"斜正纵横之理路"，并认为皱是不可逆反的"石性"。正因为如此，假山虽假，却能保持天然的本真状态。许承尧诗云："梧阴何

所有？数石各嶙峋。风致美无度，精神傲不驯。儿孙头角崭，公姥面皮皱。为壮寒门色，苔衣岁首新。"（《友人书来讯山中事，戏成十四首答之，解除格律，取足宣意云尔》）此诗写于歙县。此诗运用诙谐的语言，将假山石的纹理凹凸状态喻为年龄不同的老少。老人面皮皱皱，儿孙头角崭新。此诗以此形容假山之皱，堪称俏皮之至。

　　第五，怪。怪指的是奇异、荒诞，非同凡响。山石若突兀峥嵘，面目狰狞，可以称为怪。清代文艺理论家刘熙载说："怪石以丑为美，丑到极处，便是美到极处。"（《艺概·书概》）徽派园林怪石嶙峋，形象诡谲。许承尧诗云："大石若屋庐，小石若牦虎。狰狞相后先，倾侧互支柱。青红色殊异，肤理总腴脱。眠琴与覆舟，美字赜难数。冥想大地初，沉森久生怖。不图一涧小，容此万雄武。"（《沿桃花溪观水感赋》）这段文字描绘了徽州怪石的奇异形态、色彩缤纷、数量多，还表现了徽州怪石阴森、令人生畏的形貌。

　　如果说处于自然状态的嶙峋怪石存在着某种崇高美，让人感受到崇高，心生畏惧，那么作为假山置于徽派园林中的怪石由于人为布置和构建，与人产生一种亲密关系，这使其原本的恐怖感被大幅削弱、淡化甚至消除。只有在特定的氛围中，如乌云密布、险象丛生时，假山潜藏的凶狞之美才会强化并显现出来。

　　徽派园林假山以丑怪为美的特质，长久以来备受重视。在叠石为山的歙县园林中，怪石随处可见（图3-12、图3-13）。许承尧在唐模村（原为歙县所辖，现属黄山市徽州区）建园时，极力强调怪石以怪为美。他在《治园·戏作移石种树诗二首》中写道："娶妻争取妍，选石偏选媸。庞然备百丑，愈丑愈崛奇。丑中蕴深秀，乃遇真嫱施。古称皱瘦透，品美多所遗。"这些诗句强调了怪石于丑中寄托秀美，寓秀于丑。这是徽派假山的显著特色。许承尧称："奇秀出至丑。"（《对梅作四首》）如果没有秀美，怪石无论多么丑怪，也难以展现徽派假山的特点。丑中蕴藏秀美是徽派假山的灵魂，也是区分徽派园林假山与其他流派园林假山的标志。

图 3-12　鲍家花园石景

图 3-13　曲水园石景

怪石之丑有众多类别，如清丑、拙丑、秀丑、奇丑、寒丑、谑丑、谲丑等。不同的怪石之丑相互交织，各有侧重，但皆离不开奇怪二字。奇是怪的精髓，怪是奇的实质。奇与怪的碰撞激发出石的丑美之火花。陈从周《说园》云："石清得阴柔之妙，石顽得阳刚之健，浑朴之石，其状在拙；奇突之峰，其态在变，而丑石在诸品中尤为难得，以其更富于

个性，丑中寓美也。"富于个性之丑石在徽派园林假山中尤为突出。黟县舒松钰描绘的"巍然奇石叠高冈"（《咏朝阳台》）、"苔绿假山伴夕阳"（《游碧山培筠园》），就表现了怪石的丑中寓美。

以上论述了叠山，接下来探讨理水。徽派园林多依山靠水，自然成势。因此，顺势引水，美化园林，成为理水的核心内容。特别是徽州水口园林，水源源不断，回旋曲折，流动不息，充满活力。此外，在园中掘地凿池，挖泉设湖，用人工方法理水，亦可增添诗情画意。歙县檀干园既有自然水流，又有人工小溪。它们相互环绕，映衬着山峦、楼亭、花木，显示出园林的妖娆多姿。许承尧《夜坐檀干园环中亭》诗："月影蔽亏处，最宜闻水声。潺潺适小坐，静味喧中生。溶然万木底，屈曲通光行。翻觉一泓幽，逾彼江湖明。"在檀干园中，许承尧在宁静的独处和恬淡的沉思中，于月影蔽亏处闻潺潺水声，别有一番情趣。这正是理水带来的审美效果。无论是溪涧、江河、湖泊、广阔的池塘、小池子、瀑布还是泉水，都可以被纳入园林中，构成独特的美景。

首先，池：以一勺一池之水比拟湖海，这是以小喻大；将海洋的宏大之名赋予微小的池塘，这是以大喻小。

明代建造的黟县宏村南湖只是一个广池，却被赋予了湖的名号，这难道不是以小喻大吗？将广池命名为南湖，彰显出宏村园林的气派之美。南湖碧波荡漾，波光粼粼，石桥浮水。山林中鸟儿啼鸣，水面上野鸭戏耍。亭台楼阁矗立在桥头，岸边垂柳依依。当夕阳余晖洒在湖面上，树木、房屋、亭榭倒影摇曳，增添了几分向晚韵味。明代文震亨在《长物志》中谈到"广池"时说："凿池自亩以及顷，愈广愈胜。最广者，中可置台榭之属，或长堤横隔，汀蒲、岸苇杂植其中，一望无际，乃称巨浸。"南湖就是符合广池的要求的。

小池子在徽派园林中几乎随处可见。小池子自然质朴，没有刻意的

几何形状，秉承天地之美，展现清远的雅致，也可供近观。许承尧诗："溶溶一勺水，涵影轻相摩"（《中庭》）；"拳石与盘池，彼自成一国。池澄见天影，石润含雨色"（《答徐澹甫拳石篇》）。如果没有一勺池水，就难以衬托园中花草景物的柔婉秀丽。

徽派园林的设计皆因山造型，顺水引导，使山水相呼应，各展其美。陈从周说，"大园宜依水，小园重贴水，而最关键者则在水位之高低"，"山、亭、馆、廊、轩、榭等皆紧贴水面，园如浮水上"（《说园》），谓之贴水园。宏村的水系纵横交错，蜿蜒穿梭，庭院紧贴水边，居民犹如置身船上。黟县塔川某宅的庭园漂浮在水面之上，亭榭紧挨，竹影婆娑，清风缓缓拂来，池水波纹层叠。屋柱上的联句写道："忍片时风平浪静，退一步海阔天空。"这不仅拓展了贴水园的境界，还显示出徽人谦让的襟怀。此庭园富于形象性与哲理性。歙县潜口紫霞山麓水香园绿参亭、春草阁、紫石泉山房等也临溪而筑、贴水而建，如清荷浮水而举菡萏者。

其次，瀑：悬挂于险峻悬崖之上，飞瀑直泻，滚滚翻涌，波浪层层，水滴四溅，声如雷鸣，垂若银丝，称为瀑布。

徽派园林的瀑布或借景于大自然，或由人工营造。人造瀑布以大自然为本，通过缩减、模仿，展现其韵味，令人陶醉。文震亨在《长物志》中谈到"瀑布"时说："山居引泉，从高而下，为瀑布稍易，园林中欲作此，须截竹长短不一，尽承檐溜，暗接藏石罅中，以斧劈石叠高，下作小池承水，置石林立其下，雨中能令飞泉溃薄，潺湲有声，亦一奇也。"这只是营造人工瀑布的一种方式。徽派园林的瀑布并不仅限于此。例如，唐模村的檀干园素有小西湖之美誉，其中的人工瀑布虽然较小，但宛如白练高挂，急流陡下，溅起层层浪花，水声不断。

最后，泉水：清泉潺潺，甘美可口，小溪涓涓，顺势流下，清澈见底，游鱼摆动。这是徽派园林令人流连忘返的一个重要因素。黄山紫云

庵园林正是如此。许承尧《紫云庵》诗道："孤庵古泉窟，万竹声琅琅。门外碧成海，冻雨生晚凉。"清泉与绿竹相映成趣，增添雅致。造园者将山泉引入园林，巧妙运用人工，使其或改道、或回旋、或折曲、或奔腾、或轻吟、或上下、或跳跃，使其美妙多姿，这是徽派园林常见之景。婺源福山书院园林，泉水九曲，绕岩流淌，澄澈透亮。福山书院前后，绿树葱茏。人们漫步其间，静听泉声，别有幽情。

徽派园林的泉水虽无天下第一、第二的美誉，却具有野性、旷达、清新、闲适的特点。泉水使周围环境充满活力与生机，给人们带来无尽的愉悦。许承尧《水杨村》诗云："枫丹通石气，涧碧覆泉声。"他钟情于山水，痴迷于泉石。在徽派园林中，流泉大多天然，人工流泉较少。人工泉必须在缩小的造型中体现自然的风采。观赏者在观赏人工泉时，以小见大，通过夸饰性联想，比附自然，从中获得心灵的陶醉。

综上所述，徽派园林的山水美是徽派园林美的基本内容。徽派园林中花木、建筑、书画的美则居于从属地位，与山水美相映成趣。

第四章 徽派建筑的艺术风韵

第一节 徽派民居的艺术风韵

徽派民居特指明清时期徽州的民间住宅建筑，也称徽州古民居，是徽派建筑三大组成部分（民居、祠堂、牌坊）之一。徽州地名始于北宋宣和三年（1121年）。古徽州主要涵盖今安徽黄山、歙县、休宁、黟县、祁门、绩溪以及江西省的婺源县（1934年归属江西省）。徽派民居遗存丰富，仅黄山市尚存四五千幢。

徽派民居布局精巧，结构巧妙，装饰美观，营造技艺精湛，在科学性和艺术性方面，早在20世纪80年代就已吸引国内外学者高度关注，并受到游客的追捧。徽派民居在物质层面具有居住功能，在精神层面固化甚至强化传统伦理道德观念，并给人以愉悦的感受。

各类传统民居均具有其特点，表现出鲜明的地域性。民居的特点又会随着时间的推移而逐渐演变。徽派民居具有独特的艺术风韵。徽派民居的艺术风韵如下：

一、平面方整，中轴对称

徽派民居单体建筑（幢）的平面结构呈高墙包围的方形封闭空间。单体建筑空间组织模式通常为前部设天井，后部设正屋。也有部分民居中部设正屋，前后设两个天井，甚至一屋多进。主体建筑通常呈中轴对称，正屋一般为"三间五架"，向天井敞开，中部为半开放式的堂屋（明堂），左右侧布置对称的居室和厢房。徽派民居平面结构变化较多，组合灵活。人们根据需求，在单体建筑后方沿纵深方向一进一进地串联加接，或在单体建筑左右两侧一幢一幢地并联加接，打造出一屋多进（幢）、每进（幢）皆有天井的联幢布局。

徽派民居的平面结构根据天井的位置及布局的形状不同可以分为"凹"字形（有人称之为"口"字形）、"回"字形、"H"字形和"日"字形四种类型（图4-1）。

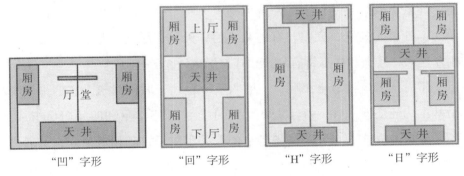

"凹"字形　　　"回"字形　　　"H"字形　　　"日"字形

图4-1　徽派民居的平面结构类型

"凹"字形布局也称为三间式，通常是三间一进楼房。有厢房时，三间式布局称为"一明两暗"，明间是客厅，左右暗间则为厢房。若无厢房，三间面向天井敞开，三间式布局称为"明三间"。这种布局通常出现在多单元组合的群屋中充当大厅，故又被称为"大厅式"。天井两侧通过廊相连，楼梯设在明间背后或廊房一侧。

"回"字形布局又称四合式，是三间两进楼房，实质上是两幢"凹"字形住宅相对组合。前进和后进共用一个天井，前进的明间为正间，两侧为卧室，后进明间为客厅，两侧同样为卧室。

"H"字形布局俗称三间两进堂，实际为两幢"凹"字形住宅背靠组合。这种民居前后各有一个天井，前天井靠正面高墙，后天井靠屋后高墙，中间两厅共用一屋脊，称为"一脊翻两堂"，楼梯设置于连廊内。

"日"字形布局为三间三进式，每进以三间式为一个单元，三进沿中轴线纵向排列，天井隔开各进，廊连接天井两侧。此种组合可纵向多单元延伸。徽州地处山区，村落多为阶梯式，因此纵向排列的房屋后进较前进高，房屋逐进升高。

黟县关麓的"八大家"建于清中期，是徽州现存最大的联幢民宅。"八大家"坐北朝南，包含"武亭山房""春满庭""吾爱吾庐""学堂厅""临溪书屋""大夫第""瑞霭庭""安雅书屋"等共 20 幢民居。它们是汪姓徽商八兄弟的住宅，外观为一个大院，内部却是相对独立的八个单元，各单元独立、完整，有莲花小门、天井、厅堂、花园、小院，且相互连通，楼上和楼下皆有门户相连，形成一个整体。

祁门县渚口村清末民居"一府六县"也属于联体建筑。它的平面布局基本为正方形，由一个大厅、六个小厅、一座学屋和四间厨房组成。各厅各自独立成为单元，具备各自的天井和院子，既相对独立，又通过回廊曲栏连接成一个整体。

在建筑封闭性方面，徽派民居与华北四合院、山西大院等并无本质差别。

徽派民居很少具有庭院（包括前院、后院和侧院），即使有，面积也相对较小。例如，黟县宏村的"承志堂"有前院，泾县黄田的"洋船屋"有前院和后院，但这种情况比较少见。

二、天井院落，外墙封闭

徽派民居是一种以天井为特色的院落。天井是一个由正屋和高墙包围而成的小型方形露天空间，属于北方四合院的变体。天井的功能很多，如通风换气、自然采光、排泄雨水、观天察地、摆放盆景花木以及提供共享空间等。

从华北四合院的庭院到徽派民居的天井，再到岭南"一线天"式天井院，民居内部露天空间面积逐渐减小。出现这种现象的主要原因是对光照强度的选择性适应。

最初的徽派民居天井设有深挖的天井池，这种天井池后来逐渐演变为与房屋地坪基本持平的天井池。明代的天井池不仅深挖，周边还有天井沟，构成"猪食槽"状天井。但排水时，需让天井池底高出屋外地面，否则会出现外水倒灌现象。为降低建筑成本，人们逐渐抬高天井池，最终使其与房屋地坪持平。实际上，平整的天井石板地面下方有一个约1.5米深的井坑，坑内填满大卵石，整个井坑像一个自渗的池子，起着储水和调节水位的作用。

为防止天井檐口的雨水（屋檐水）被风吹进室内，天井檐口的最后一片瓦是特制的略向外撇的滴水瓦，瓦沟末端略微上翘，以使屋檐水下泄时形成一道抛物线。

三、砖木结构，楼式建筑，防火防盗

徽派民居以楼式建筑为主，形式大致相似：采用高墙和小窗，对外隔绝、封闭；外墙比屋顶高，低处无窗，高处偶有小窗；采用砖木结构，多为两层楼房，少数三层（如黄山市徽州区呈坎村的明代民居燕翼堂），在盖房时一般先立构架后砌墙；梁柱式构架主要是穿斗式，辅以穿斗、抬梁组合式；木柱置于石磉之上，采用硬山式，无台基；二楼天井侧放

置飞来椅（亦称"美人靠"）。

徽派民居采用砖木结构，防火措施相当完备：

马头墙（封火墙）能在一定程度上阻止火焰的熏炙和蔓延，避免出现火烧连营的情况。

火巷（建筑之间的宽敞巷道）类似现代的消防通道，主要作用是便于人员疏散和火灾救援。

砖质封闭高墙、少门少窗的设计能有效防止邻家发生火灾后蔓延到本宅。

门框、窗框都为砖质或石质，大门通常为砖钉门或铁皮包门，窗扇为可推拉的水磨青砖，这种设计能有效阻隔火源。

地面和楼面也有明显的防火措施，一楼地面铺设方砖或用三合土夯筑，二楼楼板上铺设水磨方砖，这些都具有阻燃功能。

厨房与正屋相对独立，木构件和木装修都比较少。

天井可用于排烟和排出有毒气体，有利于人员逃生。

瓦顶为硬山式，部分房屋瓦下还铺有望砖望瓦，具有一定阻燃能力。

厨房水缸可用于烹饪，也可用于防火。天井中设有太平缸，专门用于防火。

从消防角度看，黄山市徽州区呈坎村堪称古代民间消防活化石。除上述防火措施外，该村内还有相互连通的自然水系和人工水系，以及更楼和水龙（旧式消防器具）。

徽派民居防盗措施：采用高墙和小窗，一楼无窗户，高墙难爬；外墙用青砖和灰泥砌成，墙体厚实，门窗牢固，破墙入室有难度；木板内墙具备传声、报警功能；门设有门闩、保险杠、撑门杠，窗有窗栓，防撬措施到位。

四、粉墙黛瓦和马头墙

粉墙黛瓦是徽派民居的基本标志。粉墙、黛瓦形成鲜明对比，使黑色更黑、白色更白，在蓝天、绿山映衬下显得素雅，给人宁静田园的感觉。马头墙也是徽派民居的一大特点，是在房屋山墙上加砌的以直线构图为主、高出屋面且沿着屋面斜坡呈阶梯状递落的特殊形状墙体，有防火功能。马头墙造型多样，呈阶梯状递落，常见的有三叠式、五叠式，五叠式又被称为"五岳朝天"（有人认为，"五岳朝天"和"四水归堂"是徽派民居的主要特色）。黛瓦双坡屋顶半遮半露在马头墙后，显得十分素雅。

徽派民居中的马头墙并非一开始就有如此形状，而是随着时代发展逐渐演变的。在明代中期，徽派民居并未出现逐级递落的阶梯状、三叠式或五叠式的马头墙。作为全国重点文物保护单位的徽州区西溪南老屋阁是徽派古民居。专家考证后确定该民居为明代中期的民居建筑，是徽州明代中期民居建筑的典型和标杆。其东西山墙未见马头墙，而是庄重、飘逸的"人"字形山墙。

明代和清代徽派民居因屋顶样式不同，屋脊线和屋面两披水造型也有所区别。明代徽派民居屋脊线多为两端微翘，屋面两披水也非单一坡度，而是中下段微翘，略呈弧形。清代徽派民居屋脊线呈一条直线，屋面两披水多为同一坡度。

五、装修精美，多用"三雕"

徽州商人尽管财富丰厚，却无显赫的政治地位。在建造住宅时，他们严格遵循封建社会的等级规定，采用"三间五架"的设计。但为了展示自身经济实力，徽商在住宅布局上精心设计，采用一屋多进、宽通面、联幢的布局，还采用精美的室内外装饰。这种行为促使徽州"三雕"艺

术得到繁荣发展，其在徽派民居装饰中的应用越来越广泛。徽州"三雕"指的是砖雕、石雕、木雕。一宇之中，"三雕"骈美。砖雕清新淡雅，玲珑剔透；石雕凝重浑厚，具有金石风韵；木雕华美，窈窕绰约。"三雕"各具特色，美不胜收。梁架、斗拱、雀替、隔扇、棂窗、裙板等多用木雕装饰，门罩、窗楣罩多采用砖雕，石礅、天井地面、天井下水漏斗、太平池、庭院护栏等多用石雕。"三雕"图案题材多样，包括掌故传说、吉禽瑞兽、花卉、锦纹祥云等。"三雕"大多借图案的寓意或谐音来表达房主的美好愿望。庭院内漏窗同样寓意丰富，如寓指"一心向善""抬头见善"的扇面形漏窗、寓指"抬头是福"的福字漏窗、寓指"落叶归根"的秋叶形漏窗、寓指"喜上眉梢"的喜鹊登梅漏窗等。此外，还有寿桃形漏窗、口字形漏窗、八卦形漏窗、鱼鳞状漏窗等，不胜枚举，各有不同含义。

作为大型住宅代表的黟县宏村的承志堂是清末盐商汪定贵的宅院，始建于清咸丰五年（1855年），采用砖木结构，正厅前后两进回廊三开间，左右设有东、西厢小厅堂，外有院落（图4-2）。

图4-2　承志堂

承志堂正厅中门上有一幅"百子闹元宵"的木雕，其刻画了嬉戏的幼童，他们有的舞龙灯，有的打铜锣，有的敲大鼓，有的放鞭炮，有的吹喇叭，有的踩高跷，有的划旱船。该木雕形象地展示了徽州民间元宵节的喜庆场景。东、西边门呈古钱币图案，又像少了"口"字的"商"字，还雕刻有三国故事场景，如"战吕布""战长沙""长坂坡"，画面栩栩如生。承志堂前厅额枋上有一个长2米、宽0.5米的木雕，此木雕刻画的是"唐肃宗宴官图"，图画里有四张一字排开的八仙桌，官员在琴棋书画中尽情享乐，行止姿态各异（图4-3）。主图两侧还有理发和烧茶的人物，这些人物线条分明，构图优美，形象栩栩如生。拱棚后部镶嵌金狮戏球，四只倒挂金钩的喜狮戏球，球体镂空，工艺精湛。两侧厢房的双扇莲花门上的"吉庆有余""八仙过海""渔樵耕读""福禄寿喜"等图案皆为徽州木雕佳作。承志堂一进边门是人们进屋必经之地，边门上方是雕刻精美的缺少"口"字的"商"字形木雕。人们进入承志堂时，需穿过缺少"口"字的"商"字形木雕，这寓意着"人人经商"。

图4-3 唐肃宗宴官图

徽派民居雕刻内容展现了中国传统文化的丰富内涵，如体现孝道的"二十四孝图"，以及象征坚强、纯洁、坚贞、高雅的松、竹、梅、兰等。黟县卢村的志诚堂木雕楼被誉为"徽州第一木雕楼"，建于清道光年间。该建筑的门窗、檐口、栏板、莲花门、雀替等都雕刻有历史典故、花鸟鱼虫等，如"金榜题名""八仙过海""苏武牧羊""太白醉酒""太公钓鱼""羲之戏鹅""二十四孝"等故事，这些装饰构图巧妙，雕刻精细，

传神传情，令人赞叹。

砖雕被广泛应用于徽派建筑的门楼、门套、门楣、屋檐、屋顶、屋瓴等部位，使建筑显得典雅、庄重且富有文化气息。砖雕手法多样，如平雕、浮雕、透雕等，题材包括花卉、龙虎狮象、林园山水、戏剧人物、历史故事等，具有鲜明的地方特色。明代砖雕粗犷朴拙。清代富商追求豪华生活，因此清代砖雕渐趋细腻、繁复，注重情节和构图，透雕层次增多，如图4-4所示。

图4-4　徽州砖雕

砖雕制作工艺主要分为两种：一是先烧后雕，首先制作质地坚实且细腻的青砖，然后在青砖上完成放样、打坯、出细、打磨等雕刻环节；二是先雕后烧，即在细腻的砖坯上完成放样、打坯、出细、打磨等雕刻环节，然后进行炉内烧制。相较于一般砖雕工艺，烧雕更具细腻传神的造型、流畅精准的线条以及丰富的艺术表现力。明代前期的民居门楼上的砖雕大多采用烧雕砖，但到了明代后期，这种工艺已不再流行。徽州区呈坎村的燕翼堂、五房厅、杜欢喜宅、胡永义宅、汪闰秀宅的门罩，

徽州区岩寺镇洪坑村的"世科坊"北汪杏刚宅门罩，徽州区岩寺镇的"进士第"门坊砖雕组件，都是采用烧雕砖制作的。

六、厅堂陈设讲究

徽派民居厅堂将书法、绘画、雕刻和雅物等元素融合在一起。厅堂中，匾额、中堂、屏条和楹联高悬，各类家具和古董摆放得当，门窗和裙板用木雕装饰（图4-5）。案几上的自鸣钟、花瓶和镜子以"终身（钟声）平（瓶）静（镜）"寓意着祈求终身平安。厅堂的楹联更讲究，有崇尚孔孟、教化人心、积德行善、治国济世、抒发情感、描绘风景等多种主题，妙品佳作更是数不胜数。厅堂正面板壁上通常悬挂福、禄、寿三星中堂，象征吉祥如意。

图4-5 室内陈设

徽派民居的楹联包括篆书、隶书、楷书、行书和草书五种字体。西

递的笃敬堂的对联为"读书好营商好效好便好，创业难守成难知难不难"。吴敬梓《儒林外史》第二十二回中的对联为"读书好耕田好效好便好，创业难守成难知难不难"。这两副对联只有两字不同，但寓意大相径庭，西递的对联将经商与读书并列，这在古代中国并不常见，充分体现了徽商渴望提高自身地位的意愿。中国古代社会，职业分为士、农、工、商四类，其中，商位列末尾。西递的其他对联，如"寿本乎仁乐生于智，勤能补拙俭可养廉""孝悌传家根本，诗书经世文章""继先祖一脉真传克勤克俭，教子孙两行正路惟读惟耕""几百年人家无非积善，第一等好事只是读书"，都令人深思。

七、讲究朝向和门楼

我国位于北半球，为了更有效地利用阳光，民居通常坐北朝南。但是在黟县，传统民居的大门一般并不面向正南。即使有时受到房屋基地限制而需要朝南开门，人们也采用斜门的设计。绩溪县上庄镇的石家村的每户人家的正门都不会坐北朝南，而是统一地坐南朝北。

门楼是住宅的象征，代表了主人的身份和财富。徽派民居的大门通常都配有门楼（较小规模的被称为门罩），其主要功能是防止雨水沿墙流下而溅到门上。一般民居的门罩较为简洁。人们通常在门框上用水磨青砖搭建出向外伸展的檐脚，并在顶部覆盖瓦片，还配置一些简单的装饰。旧时官宦、富绅家的门楼非常讲究，往往有砖雕或石雕装饰，有飞檐翘角，部分翘角上还放置有鳌头，有些门楼正中还镶嵌着表明主人身份的"大夫第"或"进士第"等门额。徽州区岩寺镇的"进士第"门楼由三间四柱五楼组成，用青石和水磨砖混合建造。门楼横枋上方镶嵌着双狮戏球的烧雕，烧雕形象生动，雕工精细，柱子两侧配有巨大的抱鼓石，显得高贵、典雅，门楼正中镶嵌有"进士第"门额。歙县渔梁镇的一座民宅门楼的两横枋之间放置了砖雕"百子图"，"百子图"画面层次分明，

嬉戏的孩子形态各异，神韵尽显，栩栩如生。绩溪县湖村的门楼砖雕可以被视为徽州砖雕的杰出代表，每幅砖雕都可以称为珍贵艺术品。这些砖雕内容丰富，包括陈桥兵变、三顾茅庐、空城计、张良纳履、渔樵耕读、九狮滚球、蟠桃盛会、飞禽走兽、花卉竹木、楼榭亭阁、山水车舟、八宝博古（花瓶）等主题，以亭台、楼阁和花卉为主要元素，形象生动，构图合理，主题鲜明。砖雕最多可达九层，层次分明，变化丰富，令人叹为观止。门楼砖雕形制多样，如书卷式、城楼式、垂花柱式、匾额式和仿木结构的三开间式等。砖雕的雕刻技法精湛，包括镂雕、圆雕、浮雕阴刻等各种技法。砖雕立体感强，雕刻技艺达到了顶峰。湖村砖雕门楼跨越了300多年的历史，是珍贵的历史资料。因此，湖村被誉为"中华门楼第一村"。此外，婺源晓起村的"进士第"门楼、徽州区蜀源村的思恕堂正门砖雕门罩等，也是门楼艺术的杰出代表。

第二节 徽派祠堂的艺术风韵

徽派祠堂是徽州具有代表性的传统建筑形式之一，主要分布在安徽省黄山市黄山区、徽州区、歙县等地。徽派祠堂起源于唐宋时期，成熟于明清两代，是徽州商人家族的象征和宗族信仰的载体，体现了徽州人的家族观念、宗族意识和崇尚文化的传统价值观。徽派祠堂的艺术风韵有鲜明的地域特色。

一、古风古韵的徽派古祠堂

徽州人重视宗族文化，因此祠堂众多。现存的徽派古祠堂有千座之多。这些祠堂不仅显示了徽派建筑独特的风格与魅力，也体现了徽州深厚的历史文化底蕴。

（一）江南第一祠——罗东舒祠

罗东舒祠位于安徽省黄山市徽州区，建于明代嘉靖年间，是罗氏族人为供奉其先祖罗东舒而建的，也是徽派祠堂中少有的按照山东曲阜孔庙的格局兴建的家祠，因此有"江南第一祠"之称。

罗东舒祠是一座传统祠堂建筑，四进四院，一进高于一进，依中轴线对称分布，占地面积达 3 300 平方米。罗东舒祠融合了汉、唐、宋、明、清的多种建筑风格，风格独特，布局合理，工艺精湛。

罗东舒祠坐西朝东，正面为照壁，后面是棂星门，由 6 柱 5 间的石牌楼组成，每根石柱的顶部都雕有怪兽"朝天吼"。该祠堂的第一进院落由棂星门和南北两面留有洞门的围墙构成。第二进院落由 7 个开间构成的仪门和边门构成，仪门上方高悬"贞靖罗东舒先生祠"的匾额。第三进院落是一个面积为 400 多平方米的四合院，靠享堂一方是花岗岩石板铺砌的拜台。享堂宽敞、宏大，可容纳千人。享堂的正面有 22 扇高大的木格子门，梁架重叠，接缝紧密，正中照壁上方垂挂有明代书画家董其昌手书的"彝伦攸叙"巨型匾额。享堂是族人祭拜先祖、议事、举行庆典、执行族规的场所（图 4-6）。

图 4-6 罗东舒祠享堂

　　紧靠享堂南山墙建有女祠，面积不及男祠的十分之一，建筑风格简约、朴素。罗东舒祠的第四进院落是由享堂、后寝大殿、南北围墙合围而成的，后寝大殿是整座祠堂最精美的地方，殿内有木柱 46 根，前沿的 26 块黑色大理石栏板浅浮雕有姿态各异的鸟兽图案，雕工细腻，圆雕的狮子神态生动，活灵活现。梁架上布满了极具个性的民间包袱式彩绘图案，这些彩绘色彩明快，构图大方、典雅。

　　宝纶阁由三个三开间构成，共 11 开间，每个开间都有十余根圆柱拱立，有纵横交错的月梁，营造出宏伟的建筑气势。宝纶阁内的天井与楼宇之间由青石板栏杆相隔，上面雕刻着花草、几何图案等浮雕，充满了艺术气息。屋顶采用圆穹形设计，飞扬的檐角和梁柱之间的盘斗云朵雕、镂空的梁头替木和童柱、荷花托木雕让人目不暇接。横梁上的彩绘至今仍然色彩绚丽，彰显出传统建筑的优美和精湛工艺（图 4-7）。

图 4-7 宝纶阁彩绘

　　罗东舒祠融古、雅、大、美于一体，具有很高的艺术价值与美学价值。作为一座明代的徽派古祠堂，罗东舒祠对古祠堂建筑的研究来说有很高的历史价值、科学价值和艺术价值。

（二）精美木雕——龙川胡氏宗祠

　　龙川胡氏宗祠位于安徽省绩溪县瀛洲乡大坑口村，是明代宗祠建筑，始建于明嘉靖年间，历经多次修缮。它是一座砖木结构的建筑，坐北朝南，共分为三进七开间。该祠堂前进门厅是一座高 10.5 米、宽 22 米的八角门楼，门楼的大小额枋雕刻了龙戏珠、狮滚球和历史戏文等图案。门楼后是天井和廊庑。中进为祠堂正厅，正厅内银杏金柱、平盘斗、梁柱、雀替等均雕刻了精美图案。正厅两侧和上方还保存着 32 扇高 4 米的落地花雕隔扇。祠堂后进为二层楼房，其裙板和绦环板均有各式博古图案和四时花卉的雕刻。宗祠的木雕主要分布在门楼、正厅落地窗门、梁勾梁托和后进窗门等四大部分，采用了浮雕、镂空雕和线刻相结合的手法，图案生动逼真。高大门楼上的雕刻以历史戏文和龙狮相舞为主体。门楼前后各有石柱、月梁和方梁，方梁表面雕刻了"九狮滚球遍地锦"和"九

龙戏珠满天星"等图案，两旁有内容各异的历史戏文。由于木雕图案极尽奢华，技艺非凡，所以龙川胡氏宗祠又被古建筑学家称为"中国木雕建筑博物馆。"

　　龙川胡氏宗祠本来是祭祀场所，但绩溪包括龙川胡氏宗祠在内的许多宗祠已经成为艺术品展示场所。一幢幢古宗祠都有值得鉴赏、品味的精湛建筑技艺、精美雕刻艺术、书法珍品、寓意深刻的文学典故等，令人遐思万千、赞叹不已。作为古代民间建筑专家的杰作、能工巧匠智慧的结晶，龙川胡氏宗祠选址之用心、设计之巧妙、规模之宏大、构建之缜密、建筑技艺之精湛、文化内涵之丰富，至今仍然是值得称道的（图4-8）。

图4-8　龙川胡氏宗祠

（三）百柱宗祠——经义堂

　　婺源县古坦乡的黄村有一座黄姓宗族的祠堂——经义堂。这座祠堂建于清代康熙年间，已有数百年的历史，见证了黄姓家族的繁荣发展和时代变迁。

经义堂的选址非常讲究，经义堂前临流水，后靠青山，即依山傍水。经义堂周围的环境优美，山水相依，使得这座祠堂自然而然地融入了周围的景色之中。

经义堂的建筑风格十分特别，它被称为"百柱宗祠"（图4-9）。这是因为整座祠堂使用了百余根杉木柱子来支撑，这些杉木柱子结实耐用，表面光滑，给人一种庄重而又华美的感觉。这些杉木柱子的直径均超过1.5米，凸显了祠堂的庄重和威严。

图4-9 经义堂

经义堂的主体部分是九脊顶五凤楼式建筑，这是一种典型的徽派建筑。九脊顶五凤楼式建筑的特点是屋顶呈九脊状，形象地描绘了凤凰展翅的形态，寓意家族兴旺、福禄长存。

经义堂的大门采用上等杉木制作而成。正厅内有三排木柱，每排四根，这些木柱支撑起了祠堂的主体结构。

从正厅进入寝堂，需要登上九级金阶，但为了避免触犯皇帝之禁，黄氏宗族将其改为七级金阶。这个细节充分体现了黄氏宗族对传统礼制的敬畏和尊重。

（四）女性祠堂——清懿堂

　　清懿堂是位于安徽歙县棠樾牌坊群后面的一座女性祠堂。该祠堂建于清嘉庆年间，由两淮盐法道员鲍启运策划和主持兴建。与其他祠堂专门奉祀男性不同，清懿堂专门奉祀女性。该祠堂是为鲍姓宗族中的贞烈女性而建的，成为她们专门被祀的场所。清懿堂与徽州其他的女祠堂一样，都是为了弘扬女性美德而建造的，也是对传统男性主导的祠堂文化的一种补充和完善。如今，清懿堂迎来众多游客，成为文化遗产中独特而珍贵的存在（图4-10）。

图4-10　清懿堂

　　徽州现有的古祠堂多达千座。这些祠堂各有各的特点，为不同的家族保留历史印迹的同时，也以它们的艺术魅力展现了徽派建筑的风韵特点。

二、宗法观念赋予祠堂恢宏的气韵

宗法观念对徽派祠堂建筑产生了深刻的影响。徽派祠堂作为徽派建筑的核心，体现了徽州人的宗族观念和先祖崇拜。宗法观念是联结徽州人血缘关系的纽带，宗祠是宗法制度下家族文化和精神信仰的载体。徽派建筑（包括民居、牌坊、亭阁、园林、桥、塔等）的分布、设计等都是围绕宗祠展开的。

在徽派建筑中，祠堂具有统领其他建筑的精神力量，成为整个建筑系统的核心。徽州祠堂分总祠和支祠，总祠是支祠的统领，支祠从属于总祠。总祠规模宏大，气势恢宏，通常位于村庄的中心位置，占据重要地位。支祠是衬托总祠的建筑，分布在村庄周围，作为各个家族的祖祠和家族文化的传承之地。例如，黟县西递村的敬爱堂作为胡氏总祠，始建于明代万历年间，面积有 1 800 多平方米，规模宏大。敬爱堂是胡氏九个支脉共同祭拜的祖祠，下面分设各个支脉的支祠，如追慕堂、迪吉堂、辉公祠等数以百计的祠堂。

（一）村落形态彰显等级

从徽州古村落的形态能看出，宗法观念对古村落空间布局有深刻影响。古村落往往是围绕总祠、支祠、家祠分级分布的，这种空间布局是在徽州人的宗族观念和先祖崇拜的影响下形成的。

徽州的宗族经过房支的不断扩张，形成了一姓多村、一族多村的宗亲等级网络。同级宗族的各村各支修谱建祠，以宗法制度管理宗族人众。这些祠堂通常是徽派建筑的核心，徽派建筑的布局围绕着宗祠展开。宗祠通常位于村落的中心位置，是整个建筑系统的核心。宗祠周围有厢房、角楼等建筑。宗祠和周围建筑构成一个完整的建筑系统。支祠和家祠分布在宗祠周围，形成一个相对完整的宗族建筑群。这种空间布局反映了

宗法制度对徽州社会的影响，也体现了徽州人对家族文化和精神信仰的重视和维护。

（二）门槛被视为纲常的界线

门槛具有将族中不肖子孙隔离在外的作用。在明末至清代，族长和族中那些代表着权威的长老将宗族的权力发挥到了极致。在这个时期，宗族对犯"大罪"的子孙是绝不姑息的，重则将其开除宗籍，轻则对其家法惩戒。门槛越高，家规越森严。逾越家规就意味着子孙再难登自家门槛。门槛不仅是家族权力的象征，也是族内纪律的象征，有助于维护宗族的权威和稳定。

三、徽州文化下井然有序的祠堂建筑空间

徽州文化的形成可以追溯到 4 世纪初西晋末、9 世纪唐末、12 世纪初北宋末这三个战乱时期。当时中原士族大规模迁徙至皖南地区。这些中原士族带来了中原文化，并与当地古山越人融合，构成了以中原汉族人为主的社会。皖南文化逐渐发展，特别是南宋时期徽州文化的典型代表开始崛起，到明清时期发展到顶峰。

徽州文化是一个涵盖了程朱理学哲学思想、新安画派、徽派建筑以及众多的地方民俗风情等的文化体系。其中，程朱理学是徽州文化的核心，也是徽派建筑的重要设计思想来源之一。程朱理学提倡"主静""居敬"的修养方法，注重内在精神的养成，探求自然、社会和人生的本质，认为人是天地的中心、具有特殊的责任和义务。这些思想在徽派建筑中得到了体现。徽派建筑采用虚实结合的设计手法，充分表达了程朱理学中"穷理"的哲学思想。在徽派祠堂的设计中，设计者充分考虑了空间的利用效率，强调宗族的联系纽带，注重家族的凝聚力和稳定性。祠堂的结构、布局、彩绘、雕刻等，也都体现了程朱理学的精神内涵。另外，

新安画派和徽派建筑相互影响。新安画派的艺术风格影响了徽派建筑的彩绘风格，使徽派建筑的彩绘更加细腻、精美。徽派建筑技艺也影响了新安画派的绘画风格，使新安画派更加注重细节和构图。

（一）"齐家"观念促成了祠堂内向型空间的产生

程朱理学向来以修身、齐家、治国、平天下为指导思想。家里团结起来，家庭和谐，人们才有可能一致地应对家外的世界，才能治国或平天下。祠堂归家族所有。家族可以被理解为拥有同一姓氏和因血脉亲情联系在一起的人的集合。祠堂体现了人们的家族观念。"齐家"观念促成了祠堂内向型空间的产生。

1.祠堂的私密性

徽派祠堂的外墙稳固且封闭，立面上很少开窗，内部空间通过天井采光、通风。这种设计既体现了家族对外界的防范心理，也强调了家族成员的亲密关系和团结精神。

徽州曾经历了多次战争和盗贼的侵扰，因此徽派民居和祠堂的设计都非常注重安全。当地人在建造徽派祠堂时，往往选取高处地势陡峭的地方。祠堂外墙稳固且封闭，很少开窗。这种设计可以有效地防止外界的侵扰，保证祠堂内的安全。

徽派祠堂内部采用天井的设计，可以保证室内的采光和通风，也可以增强空间的美感，让室内显得更加开阔、明亮。同时，天井也是人们在徽派祠堂内部交流的场所。家族成员可以在这里聚会、交流、学习等。

徽派祠堂的设计非常注重家族信仰。家族成员往往在祠堂内祭祀祖先、祈求平安等。在这种情况下，祠堂的私密性设计可以保证祭祀仪式的隆重和庄严。

2.祠堂的对称性

徽派祠堂是家族信仰的重要载体，是家族成员交流、学习的重要场

所。祠堂建筑采用中轴对称布局形式。其中，正堂空间的对称性最为明显。

徽州文化是一种融合了儒家思想、道家思想、佛教思想等多种思想的综合文化。程朱理学对徽州文化的形成和发展产生了重要影响。程朱理学倡导"天人合一""物我合一"的思想，追求和谐、秩序和道德规范。徽派祠堂的对称性设计体现了程朱理学对和谐、秩序的追求，体现了徽州文化的内涵。

徽派祠堂的对称性设计也往往使祠堂内部空间更加美观、舒适，给人以美的享受和心灵上的满足。徽派祠堂不仅仅是一种建筑，也体现了徽州文化。

3. 祠堂的中心性

徽派祠堂的各个厅堂和厢房围绕天井向内聚合，构成一个完整且独立的建筑体。这种中心性设计强调了家族成员之间的紧密联系，也体现了家族在徽州文化中的核心地位。

4. 祠堂的装饰

徽派祠堂内部的装饰富有象征意义，如太师壁、祖先神龛等的装饰体现了家族传统、道德观念和家族精神的传承。这些装饰在空间中起到了视觉焦点的作用，也体现了程朱理学对家族传统和道德的强调。

徽派祠堂的设计通过强调家族成员之间的团结、和谐，充分体现了程朱理学齐家观念的精神内涵。这种设计也使徽派祠堂成为徽派建筑中独具特色的建筑类型。

（二）伦理纲常观念限定了祠堂建筑的空间等级次序

徽州文化强调礼义，以"三纲五常"为天理，这在祠堂建筑的设计和规划上得到了充分体现。程朱理学的伦理纲常理念在祠堂建筑的空间布局、等级划分等方面体现得淋漓尽致。

祠堂建筑主次有分，讲究正偏、内外的空间层次。这符合传统伦理道德中"尊卑位序"的原则。祠堂从大门和门厅到祭祖、议事的享堂，再到供奉祖先牌位的寝楼，层次分明，由低到高，形成"前下后上"的建筑布局。

祠堂的入口设置也充分考虑了尊卑规矩。平时仅开中门栏栅门和二道侧门，举行重大宗族活动时，才打开中间的仪门。这种设计旨在强调家族成员的等级和身份，使得不同身份的人在进入祠堂时遵循一定的规矩。

祠堂内的厅堂座次也遵循伦理纲常的原则，以左为大，以右为小，以上为尊，以下为次。这种布局强调了家族成员之间的身份和地位差别的同时，也体现了家族内部秩序的重要性。

第三节　徽派牌坊的艺术风韵

清代吴梅颠在《徽城竹枝词》中写道："八脚牌楼学士坊，额题字爱董其昌。最奇一脚和三脚，呼作地名俱异常。"八脚牌楼即许国石坊。该诗还提到了三脚的胡宗宪坊和一脚坊。还有历科坊："历科坊甲榜题名，一百八十有五人。此是前明本县数，一朝天子一朝臣。""工坊商自迎恩建，甲榜同年标姓名。盛事争传天下少，大书题数迈登瀛。"（吴梅颠《徽城竹枝词》）总之，徽派牌坊种类颇多。

徽派牌坊起源于棂星门，始于汉代，因为汉代有祭天以及祭灵星的规定。祭祀需要设坛，于是出现了灵星门。后因形似窗棂，灵星门更名为棂星门。宋代后，尤其是明清时期，这种祭祀活动逐渐从孔庙、郊坛扩展至陵墓、祠堂、衙署、园林、街旁、路口等场所，棂星门不再只用于祭天、祀孔，还具有了褒扬功德、旌表节烈的作用。这样，棂星门逐渐演变为牌坊。

现存的徽派牌坊主要建于元、明、清三代。其中，元代牌坊较少，如始建于元末的贞白里坊，明清两代牌坊数量多。这得益于徽商和程朱理学对徽州的深刻影响。民国时期，风气转变，人们不再以建牌坊作为表彰手段。

牌坊根据功能不同可分为标志坊、科第坊、功德坊、忠烈坊、贞节坊、孝子坊和茔墓坊等。标志坊因纪念意义而建，用作昭示后人。例如，歙县郑村的贞白里坊就是用以纪念该村的郑千龄，其生前曾是清正廉洁、受人们爱戴的好官，死后被追念为贞白先生。人们以"贞白里"作为村子的又一名称，以纪念先贤的高风亮节。贞白里坊就成了该村的一个标志。又如，位于歙县中学内的古紫阳书院牌坊，体现了这里曾是古紫阳书院所在地，由曹文埴题写坊名。此外，原位于徽州师范附属小学附近的江氏世科牌坊始建于明代，上面刻有江氏历代进士名字，对江氏家族起到了表彰优秀典范的作用。类似的牌坊还有吴氏世科牌坊、郑氏世科牌坊等。现存于歙县中学的三元坊始建于明代，有三间四柱五层，一面刻有"科名、探花、榜眼、传胪"，另一面刻有"甲第、会元、状元、解元"，各层楣板上记录了明清时期歙县科举考试的名单。当年，这里也是县学所在地，牌坊的导向意义非常明确。

功德牌坊通常由皇帝赐予，对社会风尚具有导向作用，对受建者而言，更是荣耀。例如，歙县的许国石坊是为纪念明代嘉靖、隆庆、万历三朝元老许国而建的。其四面八柱的宏伟气势、刻在石料上的吉祥图案以及端庄的楷书"恩荣""上台元老""大学士""少保兼太子太保礼部尚书武英殿大学士许国"等字，充分展示了许国的功绩和所获恩宠。槐塘的龙兴独对坊立于明初贤儒唐仲实故居前，纪念朱元璋与唐仲实的一次对话。朱元璋在征讨期间，曾在歙县召集地方名儒，商讨民事，其中就有唐仲实。唐仲实告诉朱元璋，要赢得天下，首先要赢得民心，要为民

谋利而非损害。朱元璋对唐仲实的见解表示赞赏。后来，唐家后代在家门口建立了这座牌坊，上面刻有"龙兴独对"四个大字，还刻录了朱元璋与唐仲实的对话全文。这是一种在全国少见的牌坊。此外，雄村的"四世一品"牌坊用以表扬曹文埴及其父亲、伯父、祖父和曾祖父所获一品官衔。曹文埴曾担任户部尚书，是《四库全书》的总裁之一。其子曹振镛曾官拜工部尚书、体仁阁大学士。类似的功德牌坊还有"父子训经"坊、"柏台世宠"坊和"大夫"坊等。

徽州的牌坊种类繁多，除了科举功名坊、忠烈坊、贞节坊和孝子坊等，还有墓道坊，数目众多。徽派牌坊数量多，除了受社会、经济、伦理、宗族、科举制度等因素影响外，徽州有丰富的石材资源也是一个重要原因。另外，徽州有众多的能工巧匠。他们通过建造牌坊来展示技艺，并以此谋生。作为徽州村庄的重要建筑，牌坊以其高耸的形态矗立在村口路旁，与宗祠一样，在精神层面起到引导作用。它们与周围自然环境的协调也体现出天人合一的思想。

一、徽派牌坊的造型和结构

徽派牌坊整体上追求个性张扬，通过高大和群体矗立的特征，使人们产生震撼的感觉。如今，仍保存完好的歙县棠樾牌坊群（有7座牌坊）、稠墅牌坊群（有4座牌坊）和郑村牌坊群（连体3座）等，体现了徽派牌坊群的整体特点，是研究徽派牌坊群建筑的重要实物资料，如图4-11所示。

图4-11　歙县牌坊群

徽派牌坊在造型上除了有歇山阁楼式和冲天式两种平面形式外，在明代中后期还曾出现"口"字形的立体结构。以明代嘉靖年间建成的歙县丰口村台宪坊为例，该牌坊为典型的"口"字形结构，四柱四面，东、西、南、北各为二柱三楼式，柱下设有基础，无须靠背石支撑，四面连成一体，远观更似石亭。台宪坊的出现是徽派牌坊造型的重大突破。此类立体结构后来在万历年间歙县许国石坊得到传承和发展。许国石坊将台宪坊的四脚结构改为八脚八柱，俯视仍为"口"字形，四面采用四柱三楼冲天式。许国石坊代表了徽派牌坊建筑和雕刻艺术的最高水平。然而，遗憾的是，"口"字形造型并未在后世徽派牌坊中得到传承。出现这种情况的原因很多，封建礼制的限制和高昂费用是直接原因。

徽州石坊单体的细部结构表现出鲜明的时代特征和地域特征。这尤其体现在斗拱、柱枋和屋顶等的构造上。石坊起源于木构建筑，斗拱是木构建筑的基本要素之一。徽州早期的石坊刻意模仿木构建筑斗拱，后来逐渐简化，形成了偷心拱板和正心置花板两种基本样式。这一转变主要发生在明代成化至正德年间。建于此时期的歙县徽城镇尚宾坊、潭渡旌孝坊和郑村忠烈祠坊等，都是典型的代表。随着时间的流逝，斗拱结

构不断演变，从整体雕刻发展到分块拼装。到了万历年间，这种分块拼装技术渐趋成熟，许国石坊便是这一技术日益成熟的标志。此坊采用平身斜科中板与坐斗分块雕刻，正心方向瓜拱和花板由另石镶嵌，角科仅保留与正心瓜拱相列的外侧拱板，不使用角拱板。到清代，拱板改用一石制作，结构更为合理。牌坊石柱在明代中期之前，通常使用方柱抹角。自明万历以后，抹角逐渐缩小，清代几乎统一为柱。支撑石柱的背靠石是保持石坊横向稳定的必备构件。徽州石坊从屏风托脚中得到启发，明代早期石坊采用雕刻日月卷象鼻格浆腿支撑柱子。明代中后期，背靠石逐渐简化，一般石坊仅用素板。明中期也曾出现以圆雕石狮代替背靠石的方式，但由于蹲狮形体不利于支撑石柱，所以石坊每面石狮至少有一对呈倒立状，尾部达到一定高度，以保持石坊的平衡和稳固。也可用一对蹲狮和一对背靠石共同支撑石坊柱子。

早期石坊上下额枋多为矩形，呈琴面状。明代后期，建造者模仿木构建筑中的月梁，使额枋琴面抬高，梁略起拱，梁肩有明显卷杀。雀替做法几乎与木构建筑相同。清代石坊雀替成为纯粹的装饰。石坊顶部，早期多为悬山屋顶，仿木构建筑形式折作平缓曲线，由一石或二石拼成，上刻瓦垄、勾头、滴水，下刻檐椽、飞椽。明中期石坊流行歇山顶，屋面呈折板状，下部檐板坡度较小，上部金板较陡。万历以后，石坊屋顶勾头、滴水之类的雕刻大多省略，仅檐下留一连檐线脚。

二、徽派牌坊的石雕

虽然徽派牌坊因建造时代不同而风格迥异，或朴素、精巧，或典雅、华美，但它们都展示了徽州工匠的卓越技艺。牌坊整体造型比例协调、美观，雕刻图案栩栩如生。徽州石匠常运用象征、暗喻和谐音等艺术手法，创造了用于表达抽象意义的雕塑语言，例如，雕刻鹿寓意禄，雕刻豹子与喜鹊象征报喜，将喜鹊雕在梅枝上表示喜上眉梢，雕松、鹤代表

长寿，等等。这些石雕充分展现了石雕艺人的超凡技艺，也增强了牌坊建筑对观赏者的亲和力。

　　徽派牌坊主要分为两柱单间和四柱三间两种，后者居多。四柱三间的牌坊中间为主间，较宽，左右两间为配间，较窄。许国石坊将两座四柱三间的牌坊以一定距离排列，并用石枋将其连接，平面呈长方形，称为"八脚牌坊"，这种形制据说是全国独一无二的，如图4-12所示。

图4-12　许国石坊

　　许国石坊还展现了精湛的雕刻技艺。柱饰的结绳图案虽然由铁刀雕刻，但呈现出柔软质感，令人忘却其为坚硬的石头。这一图案的上下穿插即使用现今的机器处理，也难以达到如此精确的程度，让人感叹百炼钢化为绕指柔。此外，额枋上雕刻的龙、狮子等动物图案，线条简洁，形神兼备，呈现出可爱的形象。两侧的云纹为多层雕刻，穿插有致，无一处马虎。柱脚的12只大狮子形态各异，或抱幼狮，或弄彩球，或显王者风范，或亲切可人，栩栩如生。许国石坊上刻有许多寓意丰富的图案，

如北面的瑞鹤、祥云寓意天下太平，东面的鱼跃龙门寓意许国先学后臣、通过科举做官，西面的吉凤、祥麟寓意太平盛世。内侧的腾龙舞鹰以"舞鹰"谐音"武英"。三只豹仰对一只喜鹊，寓意三报喜，表示许国仕途上的三次升迁。双豹对双喜鹊寓意双报喜，其中一只喜鹊立于另一只背上，寓意喜上加喜，表示许国晋升为少保，又受封武英殿大学士。一只喜鹊立于梅枝上，寓意喜上眉梢。

从技术角度分析，在缺乏现代起重设备的古代，徽州工匠将如此庞大的建筑材料竖立起来，并在空中拼装这些巨大而笨重的石料，使每一个榫头的拼接都精准无误，这些都反映了徽州古代工匠的智慧和卓越技艺。观察连接两柱的石梁可以发现，古代工匠为防止其跨度过大、承重过大而出现断裂，在梁与柱直角处设置了雀替。雀替的功能是减小梁的跨度并承重，如梁的跨度为4米，一般两头各置0.5米的雀替，这样，梁的跨度就可视为3米，减小石梁承重的目的也达到了。此外，牌坊无论是两柱单间的还是四柱三间的，都矗立在一条直线上，犹如一面单墙。为防止牌坊倾倒，聪明的工匠在石柱底座前后设置了依柱石，单间牌坊的依柱石有4个，3间牌坊的依柱石有8个，许国石坊依柱石有12个。为了使依柱石美观，古代工匠将这些依柱石雕成扇云形、抱鼓石等，更多地将其雕成狮子。梁柱上的雕刻通常是浅雕、线雕或浅浮雕，以保证梁柱具有一定的承受力。牌坊顶部采用透雕，即雕刻穿过石面，这既可使牌坊美观，又方便风穿过，减小石板对风的阻力，还能减轻柱梁的承重。总的来说，牌坊是石雕艺人将艺术性和科学性相结合的杰作。

由于徽派牌坊在徽州石雕中具有重要地位，所以徽州各县修订的县志都特别关注它。例如，《歙县志》在"古建筑"中单独列出一节，专门描述牌坊："本县现存古牌坊共101座，46座建于明代，以万历年间为多；55座建于清代，以乾隆年间为多。最古者为建于元末的郑村贞白里坊，

最迟者为建于清光绪三十一年（1905年）的县城孝贞节烈坊。体型最大的为许国石坊，最小为双节孝坊。雕刻最精致美观的为大司徒坊。其中尤以节孝和功名坊最多。在造型上，明代多为楼檐式，雕饰华美；清代则多为四柱冲天式，素净大方。"《歙县志》还根据牌坊的名称、坐落地点和建造年代造表，将这101座牌坊一一列出。徽州其他各县的县志也都有对牌坊的记载。

综上所述，徽派牌坊在建筑造型和艺术审美方面具有很高的地位。徽派牌坊蕴含的徽州文化内涵非常丰富。作为一种重要的建筑文化遗存，徽派牌坊值得人们研究的内容很多。

第五章　徽派建筑的传承脉络

第一节　徽派建筑的工艺传承脉络

徽派建筑的工艺传承是指在徽派建筑发展过程中，人们通过世代相传的技艺和工艺，使徽派建筑风格得以延续和发扬。本节从木工技艺、砖雕和石雕技艺、建筑构件的制作和安装工艺、建筑材料几方面对徽派建筑工艺传承脉络进行梳理。

一、木工技艺的传承与发展

木工技艺是徽派建筑的核心技艺之一。徽派建筑的木构架采用精细的榫卯结构。木工技艺世代相传，不断提高。在木构建筑中，斗拱、梁、柱等构件的制作和组装都体现出徽派木工技艺的高超。

徽派建筑的起源可以追溯到南宋时期。当时的徽州已成为一个经济、文化、政治的中心，建筑以木构架为主，榫卯结构已经被广泛应用，但较为简单。此外，南宋已有斗拱、梁、柱等构件的制作和雕刻技艺。

南宋时期的徽派建筑中，榫卯结构被广泛应用。榫卯结构是一种古老的中华传统建筑结构，通过榫头与卯眼的相互嵌合来实现建筑构件的

连接。虽然南宋时期的榫卯结构相对简单，但它有效地增强了建筑的稳定性。

斗拱是中国古代建筑中承重和传力的重要构件，由斗、拱、卷等部分组成。南宋时期的徽派建筑斗拱制作技艺虽然相对简单，但已经展现出了徽派建筑特有的风格。例如，黟县宏村的南宋时期的部分古建筑中就有斗拱的初步运用。

南宋时期，徽派建筑梁、柱的制作和雕刻技艺开始逐渐发展。工匠在保证梁、柱承重功能的基础上，开始尝试对梁、柱进行雕刻。这一时期的雕刻技艺虽然尚未达到后世的水平，但已经初露锋芒。以黟县西递村为例，该村中的一些古建筑梁、柱上有精美雕刻。

南宋时期的徽派建筑木工技艺虽然尚处于起步阶段，但为后世的发展奠定了坚实的基础。随着时间的推移，徽派建筑木工技艺逐渐发展，在明清时期达到了巅峰。

明清时期，徽派建筑工匠对榫卯结构进行了深入研究和创新，使得榫卯结构在建筑中的应用更加多样化。例如，安徽歙县的太白楼的木构架采用了精细的榫卯结构，各种构件连接紧密、稳定，展现出高超的木工技艺。

明清时期，斗拱的形式和装饰更加多样化，线条流畅，结构优美。例如，黟县西递村的胡文光牌楼的斗拱形式独特，造型华丽，展现出明清时期徽派建筑的精湛技艺。

明清时期，徽派建筑的梁、柱雕刻技艺达到了一个新的高峰。雕刻题材丰富，技法多样，如浮雕、圆雕、透雕等。以黟县宏村为例，该村古建筑中的梁、柱雕刻题材包括花鸟、人物、山水等，形态各异，栩栩如生，展现出徽派建筑木工技艺的高水平。

明清时期，徽派建筑的窗棂雕刻呈现出独特的风格，图案精美，构

图丰富。例如，黟县宏村的部分古建筑的窗棂雕刻以花卉、鸟兽、人物故事等为主题，线条流畅，具有徽派建筑特有的韵味。

明清时期，徽派建筑的花格天花制作技艺也达到了较高水平。这些天花多以木构架为基础，采用镂空、浮雕、拼花等技法进行装饰。例如，歙县的一些古民居的天花上的图案精美绝伦。

现代徽派建筑工匠在继承传统榫卯结构、斗拱、梁、柱技艺的基础上，吸收西方建筑技术和现代建筑技术，使徽派建筑更加稳固、美观。此外，现代徽派建筑在保持传统雕刻技艺的基础上，融入现代人的审美观念，这为徽派建筑的木工技艺注入了新的活力。

二、砖雕与石雕技艺的传承与发展

徽派建筑的砖雕主要用于墙体、门窗等部位的装饰，石雕应用于台阶、照壁等部位。这些精美的砖雕和石雕体现了徽派建筑工匠精湛的雕刻技艺。

南宋时期，砖雕和石雕技艺逐渐兴起，主要用于装饰墙体、门窗、台阶和照壁等。此时期的砖雕、石雕虽然较为简单，但已经具有很高的艺术价值。例如，黟县西递村的一些古建筑中就有粗犷的砖雕和石雕装饰，如图 5-1 所示。

图 5-1　徽派石雕

明代是徽派建筑砖雕、石雕技艺蓬勃发展的时期。这一时期，砖雕、石雕技艺得到了显著提高。砖雕、石雕图案更加丰富，技法日益成熟。例如，歙县的一些古民居的门窗上的砖雕和石雕图案精美，线条流畅，展现了徽派建筑砖雕、石雕技艺的高超。

清代，徽派建筑的砖雕、石雕技艺达到了巅峰。在这一时期，砖雕、石雕的题材更加丰富，包括花鸟、人物、山水、祥瑞图案等。雕刻技法有透雕、浮雕、圆雕等。例如，黟县宏村的一些古建筑的砖雕和石雕装饰十分精美，展现了徽派建筑砖雕、石雕技艺的巅峰水平。

清末民初到当代，徽派建筑的砖雕、石雕技艺在传承的基础上不断创新。如今的徽派建筑工匠在继承传统砖雕、石雕技艺的基础上，吸收现代雕刻技术，融合西方建筑精髓，使得砖雕、石雕作品在题材、形式和技法上都有所创新。尤其在一些新建的徽派建筑中，砖雕和石雕的题材和形式更具现代特色，既继承了传统砖雕、石雕的精髓，又在外观和使用功能上有所创新。

三、建筑构件的制作、安装工艺的传承与发展

徽派建筑中的建筑构件，如门窗、楼梯、围栏等，都有其独特的制作和安装工艺。徽派建筑的制作和安装工艺在世代相传的过程中日臻完善，形成科学的体系。

南宋时期，徽派建筑构件的制作和安装工艺逐渐形成。工匠严格按照传统的制作方法和要求进行选材、加工、安装，使建筑构件在美观的同时具有良好的实用性和稳定性。

明代，徽派建筑构件制作和安装工艺得到了进一步发展和完善。这一时期，徽派建筑构件的设计和制作更加精细，安装工艺也趋于成熟。例如，歙县的一些古民居的门窗、楼梯、围栏等构件制作精美，安装稳固，历经几百年也不曾松动、毁坏，体现了明代徽派建筑技艺的特点。又如，南浔古镇百间楼的楼梯采用坚固的花岗岩制作而成，每一级楼梯都经过严格的尺寸和角度控制，非常平稳。在楼梯制作过程中，工匠还使用了独特的凿刻工艺，在石材表面凿刻各种图案和纹路，使楼梯既美观又防滑。楼梯的安装也十分重要。在楼梯安装方面，工匠采用了双榫卯结构，在楼梯与楼层连接处用凸榫和凹槽相嵌的结构，使楼梯牢固可靠。百间楼的围栏采用了多种材料和工艺，有木质构件、石材构件和铸铁构件。木质构件采用了榫卯结构；石材构件采用了特殊的凿刻和拼接工艺，不仅坚固、美观，还富有变化和层次感；铸铁构件具有特殊的造型和纹饰，既充满了艺术气息，又保证了围栏的稳固性和耐久性。围栏的安装也很重要。在围栏安装方面，工匠采用了铁钉和木榫的固定方式，使围栏与建筑物紧密相连、不易松动。

清代，徽派建筑构件制作和安装工艺达到了巅峰。在这一时期，工匠对建筑构件的制作和安装有了更高的追求，使建筑构件既保持传统风格，又具有更高的美学价值。建筑木材的选用和处理非常严格。木材必

须是生长时间长、纹理清晰、树干直径大的优质原木。在木材加工过程中，工匠必须完成醒木、晾晒、裁切、雕刻、打磨等多个工序，使木材质地坚实、表面光滑、线条流畅、雕刻精美。门窗的安装采用了榫卯结构，即在门窗的连接处采用凸榫和凹槽相嵌的结构，使门窗连接紧密、稳固可靠。

清末民初至当代，徽派建筑在工艺方面既保留了传统手工艺的精髓，也引入了现代化的机械生产工艺和数字化设计工具，这使徽派建筑构件的制作和安装更加高效、精确。例如，在门窗的制作方面，当代徽派建筑师可以使用CAD软件进行数字化设计，再采用数控机床进行自动加工，能大大提高建筑构件制作效率和准确度。在建筑构件的安装方面，现代建筑施工技术得到了广泛应用，例如，建筑师采用现浇混凝土墙体和楼板结构，使建筑更加稳固和耐用。

四、建筑材料的继承与创新

徽派建筑选材具有地域特色。为了取材方便，人们一般就近选择当地建材，如木材、青砖、石材等。

传统徽派建筑一般采用砖木结构，使用很多木材。例如，南浔古镇百间楼的门窗采用了传统的木质结构，门框、窗框、门扇、窗扇等构件用整块木材制作而成。

青砖是徽派建筑中常用的建筑材料，色泽天然，质地坚实，不易脆裂。在徽派建筑中，青砖常用于墙体的构建。建筑工匠砌筑技艺精湛，使青砖墙经久耐用。例如，徽州古城墙就是用青砖砌筑而成的，至今保存完好，是徽派建筑的重要代表之一。

徽派建筑也使用一些石材。例如，南浔古镇百间楼中的楼梯采用了花岗岩制作而成。

徽派建筑一般采用一种弧形的小青瓦进行屋体上盖。青瓦因其颜色多为青灰色而得名。青瓦是徽派建筑中的重要建筑材料，具有特殊的形状和颜色，与砖雕、石雕、木雕相结合，为徽派建筑增添了独特的美感和历史风韵，如图 5-2 所示。

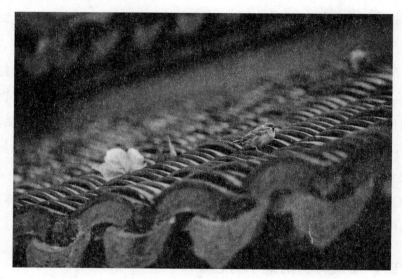

图 5-2　青瓦

　　清末民初至当代，徽派建筑融合了西方的建筑技术，除了使用传统的木材、石材、砖瓦等材料外，还使用了一些新型材料，如玻璃、钢材、铝合金等。这些材料在强度、耐用性、保温性等方面都具有优异的性能，可以满足当代人对建筑品质的更高要求。

第二节　徽派建筑的文化传承脉络

　　徽派建筑起源于古徽州的汉族民居，历经千百年的传承与演变，形成了如今宏伟壮观、古朴典雅、温婉清丽的外观。

一、徽派建筑的历史渊源

西晋末年，发生了永嘉之乱、五胡乱华，中原战火弥漫，民不聊生。为了躲避战乱，中原士族大家同宗同族团结起来，举家向南方迁移。徽州山清水秀，吸引了中原士族。在这里，他们开始探索合适的居住方式。之后，中原又经历了唐末黄巢起义、北宋末年的靖康之难，一些世家大族不得已从北向南迁移，来徽州避难。中原人从平原来到徽州山地，在北方居住的宽阔的四合院在这里很难施展开。徽州多山，平地稀少，为了在有限的土地上安居，中原人开始寻求新的建筑模式。在与当地人的交流中，中原人了解到干栏式建筑，这种底层架空、二层居住的楼居能够适应南方的湿润环境。中原人对北方的四合院情有独钟，这种建筑布局使得家族成员可以围绕一个院子居住，有利于家族凝聚力的维持。然而，四合院在徽州山地环境中难以实现，因此他们开始探索将四合院的优点融入楼居中。

经过一代代迁居人的尝试和改进，南北建筑元素逐渐融合。徽派建筑继承了干栏式建筑的底层架空、二层居住的特点，同时借鉴了四合院的布局，将空间合理划分，特别注重空间的利用，将住宅、祠堂、书院等巧妙融合，在徽州人的智慧和审美下，形成了独特风格。

二、徽派建筑的文化底蕴

有条件进行举家南迁的都是中原地区根基深厚的世家大族。他们不仅极为团结，还重视家族教育、文风传承，这使得徽派建筑不仅体现了地域性特点，还具有丰富的文化内涵，具有"儒风独茂"的文化底蕴。

（一）儒家文化底蕴丰厚

徽州人尊儒重教，家家都有家训、家风，强调孝道、忠诚和礼义。

这种儒家文化的影响在徽派建筑中随处可见，如祠堂、书院等建筑都体现了对家族传统、文化和道德的传承和弘扬。

徽州人重视教育。明代以 50 户人家为一社，在全徽州广开社学，还有数以百计的私塾、书院。这种对教育的重视赋予了徽派建筑浓厚的文化气息，如文人雅士常常在亭台楼榭、池馆廊桥等处切磋琴棋书画，正是"处处楼台藏野色，家家灯火读书声"（南宋赵师秀《徽州》）。这使得徽州的建筑也深受文人情趣的影响，比如，婺源的彩虹桥的名称取自李白的诗句："两水夹明镜，双桥落彩虹。"（《秋登宣城谢朓北楼》）

（二）科举成就非凡

在徽派建筑中成长起来的士族子弟受到了建筑蕴含的深厚的文底蕴的熏陶，取得了非凡的科举成就。徽州人在科举史上的表现十分优异，明代进士 452 人，居全国第 13 位，清代进士 684 人，居全国第 4 位。在这里，父子及第、兄弟翰林的情况很多。官僚阶层的崛起为徽派建筑的发展提供了支持，一座座宏伟的牌坊就是对这些功臣的赞誉和纪念。例如，许国石坊就是为明代官员许国建设的牌坊，明代书画家董其昌亲题"大学士"字样。这座牌坊是徽派建筑中的翘楚。

明清时期，在士族子弟代代苦心经营下，徽州古村落进入了鼎盛时期，如西递村有牌坊 13 座、祠堂 34 座、街巷 99 条、民居 600 多幢。呈坎村作为"江南第一村"，名臣辈出，罗东舒祠的宝纶阁就是用来尊供圣旨、珍藏皇帝赐予的物品的。

三、徽派建筑体现的审美观念

（一）徽派建筑外观造型体现简约、淡泊的审美观念

徽派建筑体现的简约与淡泊的审美观念主要受到程朱理学及新安理

学的影响。徽派建筑采用了朴实无华的建筑材料，如青砖、木材和石料，在装饰方面以简洁的线条和黑白两色为主，营造出一种朴素、宁静的美感。例如，徽派民居大多采用马头墙，有大面积的白色墙体，有小面积的砖雕、石雕、木雕作为点缀，远看简约大方，细看雕琢精致、耐人寻味，像白底黑墨的水墨画。徽派建筑的整体外观以黑、白、灰色为主，无一星半点的彩色，清新淡雅。徽派建筑体现了徽州人朴素、淡泊、化繁为简的审美观念。

（二）徽州聚落体现和谐、自然的审美观念

徽派建筑设计者充分考虑地形、水系等自然条件，使建筑与周围的自然景观相融合。例如，徽派建筑师利用山水、田园等自然元素，建造出具有鲜明地域特色的建筑，实现人与自然的和谐。

宏村的建筑作为徽派建筑的杰出代表，体现了当地人和谐、自然的审美观念。这个美丽的村落依山傍水而建，得天独厚的地理位置让其充满了生机与活力。曹文埴《咏西递》："青山云外深，白屋烟中出。双溪左右环，群木高下密。曲径如弯弓，连墙若比栉。"曹文埴的诗描绘了宏村的优美景致。这里的青山、白屋、曲径、群木构成一幅优美的山水画卷，因此宏村被誉为"中国画里的乡村"。

宏村的建筑布局体现了"天人合一"和"物我为一"的哲学思想。该村的设计充分考虑了地形地貌、水系等自然条件，使得建筑与周围的自然景观相得益彰。在这里，山与房屋、水与道路、田地与河流巧妙地融合在一起，体现了人与自然和谐共生。

宏村的古人精心规划和建设了牛形村落和人工水系。这些水系不仅为村民提供了消防用水，还为村民的生产和生活提供了便利。宏村环境优美，犹如一幅美丽的山水画卷（图5-3）。

图 5-3　宏村月沼

（三）徽派建筑的功能性特征体现注重实用性的审美观念

在空间布局和结构设计上，徽派建筑严谨而实用，如住宅、祠堂、书院等多种建筑巧妙地融合在一起，以满足居民生活需求。此外，徽派建筑设计者还充分考虑了南方的气候特点，采用独特的建筑形式（如干栏式），使建筑适应湿润、多雨的环境。

建筑要满足人们的实用需求，建筑的审美意义依赖建筑的实用意义。徽派建筑最明显的实用性体现在马头墙上。马头墙得名于其独特的形状类似马头。在徽州村落中，民居建筑密度较大，防火和防风尤为重要。为了解决防火和防风问题，徽派建筑工匠在住宅的两侧山墙顶部砌筑了高出屋面的马头墙，以隔断火源，有效地防止火势沿着房屋蔓延。这样，错落有致、高低不一的马头墙景观就产生了，在蓝天、白云的映衬下为成片的徽派建筑勾勒出层次分明的天际线，展现出徽派建筑的独特魅力（图5-4）。人们从远处眺望这些聚族而居的村落，可以看到高低起伏的

马头墙给人一种如万马奔腾的视觉冲击力。这种设计展现了徽派建筑在满足人们实用需求的同时，也具有艺术美，体现出人们的审美观念。

图 5-4　西递村马头墙景观

四、文化交流对徽派建筑的影响

中原士族带去的文化与徽州古越人朴素的人生哲学交流、融合，形成了一种新的文化，这种当地文化体现在徽派建筑中。

（一）建筑内部结构

徽派建筑将干栏式建筑的穿斗式构架和四合院建筑的抬梁式构架相结合，这就是混合式构架。徽派建筑的重要空间（如厅堂）使用抬梁式构架，次要空间（如卧室）使用穿斗式构架，既节省了木料，又使室内空间更加宽敞。

在徽派建筑中，穿斗式构架和抬梁式构架的结合是非常有特色的。穿斗式构架是干栏式建筑的标志性结构，以木料的贴合和拼接为特点，使建筑物更加牢固。抬梁式构架是四合院建筑的重要结构，以木梁的搭

接和榫卯为特点，使建筑物更加稳定和美观。在徽派建筑中，穿斗式构架和抬梁式构架相结合，既保留了两者的优点，又避免了它们的缺点。

徽派建筑的混合式构架不仅仅是穿斗式构架和抬梁式构架的融合，也体现了徽州文化。徽州文化强调节约和实用，注重精神内涵和人文关怀。在徽派建筑中，混合式构架体现了徽州文化的精髓：在实现美学价值的同时，注重实用性和资源节约。

（二）建筑形式

徽派建筑将四合院的平铺在地面上的建筑形式抬升为 2～3 层，并参照干栏式建筑的楼居形式。一层中间布置厅堂，两侧布置长辈或屋主的卧室，二层布置晚辈或女眷的卧室。这种院落围合出了天井。这种建筑形式的核心是天井。天井在徽派建筑中非常重要，不仅能通风、采光，还是家族成员进行交流和互动的场所。有天井的围合式建筑形式使得家族成员之间的关系更加密切，增强了家族的凝聚力。

（三）建筑外观

徽派建筑将四合院的不同样式的门以砖雕的形式作为外墙的一部分，并使四合院的大门变成了高墙上附着的"贴片"，即门楼。门楼是房屋的重点装饰之处，砖雕细致、繁复，是房屋主人身份和财富的象征。此外，门楼两旁的石鼓、石狮等石雕和室内的木雕装饰也精雕细琢而成，可谓巧夺天工。例如，月梁是室内木雕装饰的一绝，从上到下所有木质的部分均可雕饰，令人叹为观止。

五、徽派建筑与地域文化的共生关系

徽派建筑以独特的形式和丰富的艺术手法展现了地域文化的魅力，与地域文化形成了共生关系。

徽派建筑是地域文化的载体。徽派建筑凝聚了徽州的历史、风俗、民间信仰等多种文化元素。这些元素在建筑的造型、布局、装饰等方面得到体现，使徽派建筑成为地域文化的直观展示。例如，徽派建筑中常见的马头墙既具有防火的实用功能，也是一种象征富贵的装饰元素。马头墙反映了徽州人对家族荣誉的尊重和对美好生活的追求。

徽派建筑是地域环境的产物。徽州多山，水资源丰富。在建筑选址和布局上，徽派建筑设计者充分考虑了地形、山水等因素。徽派建筑通常靠山而建，以便于防风避水、采光、通风。建筑群的布局遵循"前店后厂"的模式，使得商业、生产空间和生活空间分隔，建筑有序分布。这种布局不仅适应了地域环境，也符合徽州商贾阶层的生活习惯，体现了地域文化与建筑的紧密联系。

徽派建筑的装饰艺术受地域文化影响。徽派建筑的装饰艺术有独特的风格，如砖雕、木雕、石雕等。这些装饰的形式、题材和技艺都深受地域文化的影响。比如，徽派建筑中的木雕作品常以山水、花卉、人物等为题材，这些题材既展现了徽州山水的美丽，也体现了徽州文人的品位。徽派建筑的砖雕、石雕以吉祥图案为主，如蝙蝠、龙、麒麟等，体现了徽州的民间信仰。

第三节　徽派建筑的民间传承脉络

一、徽派建筑工匠的民间传统

徽派建筑历史悠久，徽派建筑建造技艺经历代匠人传承和发展。在此过程中，形成了一系列民间传统。

（一）技艺传承遵从学徒制

徽派建筑工匠非常重视传统技艺的传承，将自己掌握的技艺传授给年轻一代，并注重学徒的培养。这种传统在徽派建筑史上有极其重要的地位，使得徽派建筑建造技艺能够不断传承下去并得以发扬光大。

一般来说，徽派建筑技艺传承遵从学徒制。在古代，手工艺依靠师徒传承。师傅传授的不仅仅是技艺，还有工匠精神。徒弟受儒家思想的影响，尊师为父，认为"一日为师，终身为父"。民间工匠通常会遵循"三年学徒、三年师傅、三年自立"的制度，即学徒跟随师傅学习三年，接受传统技艺的培训，然后成为师傅的助手，再经过三年的实践和工作，掌握更多的技能，拥有更多的经验，最后可以自立门户，成为独立的徽派建筑工匠。

徽派建筑工匠将传统技艺视为珍贵的财富，注重口传心授，将自己掌握的技艺传授给学徒和后人。这种传统可以保证传统技艺的传承，也能将技艺钻研至尽善尽美的境界，可以使工匠精神代代相传。

徽派建筑工匠通常采用拉练训练的方式，将学徒置于真实的施工环境中，让他们在实践中掌握技艺。师傅一边指导一边监督学徒，让学徒不断成长和进步。徽派建筑工匠认为，实践是掌握技艺的关键，注重让学徒在实践中掌握技能。学徒在实践中可以很好地认识和掌握传统技艺，可以很快成长为合格的徽派建筑工匠。

（二）掌握精湛的传统技艺

徽派建筑工匠在施工过程中非常严谨，注重细节和精度。他们往往采用手工制作、手工雕刻的方式进行施工，将每一个环节都处理得十分精细。精湛的工艺是徽派建筑得以保持高水平的重要原因，工匠认真的态度是保持精湛工艺的前提。

徽派建筑工匠掌握了精湛的传统技艺，擅长运用各种技法和工艺进行施工。他们往往采用砖、木、石等传统材料，通过手工雕刻、削减、拼接等方式，打造出精美绝伦的建筑。

徽派建筑工匠在施工过程中非常注重质量控制，在每一个环节都进行严格的把关，确保施工质量符合要求。他们也对施工过程进行全面的检查和评估，保证每一个细节都符合要求。

徽派建筑工匠在精湛的传统技艺基础上，不断探索和创新。他们善于将现代科技和工艺引入传统技艺中，探索新的施工方式和新材料，使徽派建筑的建造工艺更加精湛。

（三）注重表现建筑美

徽派建筑工匠注重建筑的美感和艺术性，擅长运用各种材料和技艺进行装饰，打造出独具特色的建筑。在徽派建筑中，门窗、梁柱、雕花等都非常讲究。工匠注重用雕刻技艺表现建筑装饰的造型美。

徽派建筑工匠善于运用各种材料进行装饰，如木材、石材、砖、陶瓷等。他们通过精细的雕刻和绘画，将建筑装饰得独具特色，给人以美的享受。

徽派建筑工匠非常注重对建筑细节的处理，尤其对建筑装饰做到精益求精，注重表现装饰的造型美，通过细致入微的处理，使得建筑装饰更加精美，如图5-5所示。

图 5-5　细致入微的装饰

　　徽派建筑工匠注重色彩和图案的搭配，在黑、白、灰基础色调上，用图案进行装饰和点缀。他们通过巧妙的搭配，打造出和谐、典雅的建筑风格。

　　徽派建筑工匠注重将传统文化融入建筑装饰中，如将传统的花鸟、山水等图案运用到建筑装饰中，通过精湛的工艺将其表现得淋漓尽致，使建筑充满文化气息。

（四）建造建筑时，注重尊重环境

　　徽派建筑工匠的民间传统以尊重环境、注重生态为核心，体现在徽派建筑的选址、布局、结构、施工和生态技术运用等方面。

　　1. 选址与布局

　　徽派建筑工匠在设计和建造建筑的过程中，非常注重建筑的选址和布局，力求将建筑与周围的自然环境融为一体，呈现出一幅和谐、美丽的画卷。

在建筑选址方面，徽派建筑工匠秉持严谨的态度，对地形地貌、气候等多方面因素进行综合考虑。他们会选择地势较高、空气流通、采光良好的地点进行建设，为居住者营造舒适的居住环境。此外，徽派建筑工匠在选址时还充分考虑自然资源的合理利用和保护，例如，通过植树造林、引水入户等方式，提高建筑所在地的生态环境质量。

在建筑布局方面，徽派建筑工匠遵循因地制宜的原则，顺应地形地貌，尽量减少对自然环境的破坏。他们充分利用地形的起伏变化，合理布局院落、楼阁、亭台等，化自然之景为人工之景，展现建筑之美。

2. 建筑结构

徽派建筑工匠非常重视建筑所处的环境和气候条件。他们根据地形、水文等自然条件来布局建筑，使其与周围环境相融合，实现人与自然和谐共生。考虑到南方湿气较重，他们还会采用一定的排水和通风设施，保证室内空气流通和干燥。在建筑结构上，徽派建筑工匠采用木架构，将拱券和梁柱相结合。这种建筑结构既有足够的抗压能力，又具有一定的抗震性能，使得徽派建筑能够抵御风雨侵袭、保持长久坚固。

3. 在建筑施工中保护自然景观

徽派建筑工匠注重对自然的尊重和保护，强调人与自然和谐共存，这在建筑施工的诸多细节中得到体现。

在建筑选址和施工过程中，徽派建筑工匠尽量避免砍伐树木。他们明白，每一棵树都是大自然的精华，是美丽的自然景观。他们在建筑施工过程中，尽可能保留现有的树木。如果建筑位置涉及树木，他们会选择移植树木的方式对树木进行保护。

4. 运用生态技术

徽派建筑工匠在建筑设计和施工过程中，运用各种传统的生态技术，如夯土、夯石等，建造出坚固、保温的墙体。夯土墙具有良好的隔热性能和调湿功能，能有效减小室内温度波动，提高居住舒适度。夯石墙具

有较强的抗压性和耐久性，适合作为承重墙或地基。

随着生态科技的发展，现代徽派建筑工匠会采用生态墙、绿色屋顶等，提高建筑的保温、隔热、节能等性能，减小建筑对环境的影响。绿色屋顶技术是将植物种植在屋顶的生态技术，通过植被的保温、隔热、吸水、净化空气等功能，提高建筑的环保性能。在徽派建筑中，绿色屋顶不仅美观，还能够减轻建筑物对周边环境的压力，提高居住者的生活品质。

现代徽派建筑工匠在建筑设计过程中，会考虑使用太阳能、风能等可再生能源，提高建筑的能源利用效率，减少碳排放，如安装太阳能热水器、光伏电池板等设备，将可再生能源转化为生活用能。

二、徽派建筑在当代民间文化中的地位

徽派建筑诞生于民间、发展于民间、成就于民间，在当代民间文化中有举足轻重的地位，这具体体现在以下几方面。

（一）徽派建筑是历史的载体

徽派建筑作为历史的见证，承载了徽州政治、经济、社会和文化发展信息。这些建筑世代相传，成为联结过去与现在的纽带，使得当地民间文化得以传承和发扬。通过研究徽派建筑，人们可以了解徽州的历史变迁，洞察古代社会生活的方方面面。

（二）徽派建筑体现了当地民间的社会风尚

徽派建筑通过家族宗祠、书院、庙宇等建筑形式，体现了尊师重教、讲究礼仪、重视家族等传统观念。徽派建筑的书院通常布局合理、气势宏伟，通过其庄重的建筑风格和严谨的空间布局，彰显了对学问和知识的崇尚。书院不仅是学子学习的场所，也是人们交流、互动和传承文化

的平台，体现了人们对教育和学术的追求。徽派建筑中的庙宇体现了人们对宗教信仰和精神生活的重视。庙宇作为宗教活动的场所，具有浓厚的宗教氛围。徽派建筑中的庙宇通常有宏大的建筑规模和精美的装饰，体现了人们对信仰的虔诚和对宗教文化的尊重。

（三）徽派建筑有很高的艺术价值

徽派建筑中的木雕、砖雕、石雕等展示了民间工匠的高超技艺和丰富想象。这些艺术品成为当地民间文化的重要组成部分，具有很高的艺术价值。

徽派建筑中最引人注目的是木雕。工匠运用传统的手工雕刻技术，在建筑的梁柱、门窗等部位雕刻出精美的花纹和图案。无论是吉祥的神兽还是精致的植物纹样，木雕都展示了徽派建筑的独特艺术魅力。

徽派建筑工匠也在砖块上进行雕刻，创造出各种精美的浮雕和立体雕塑。这些砖雕多位于建筑墙面、牌坊、庭院等位置，以其细腻的纹理和精美的造型，增添了建筑的艺术氛围。砖雕作品常常描绘神话传说、历史故事、自然景观等主题，既满足了装饰的需求，又具有丰富的文化内涵。

徽派建筑工匠就地取材，利用雕刻技艺把石头也变成艺术品。石雕作品通常被运用在建筑的门楼、照壁、石桥等位置，体现了雕刻师傅的想象力和技艺水平。

（四）徽派建筑成为当地旅游资源，利于游客了解当地文化

徽派建筑吸引了大量的国内外游客，成为推动当地旅游业发展的重要资源。徽派建筑所在的古村落、古镇、古城等以其独特的建筑风格和深厚的历史文化底蕴，成为游客探寻传统文化、了解古徽州历史风貌的

热门目的地。

徽派建筑的布局和装饰具有对称、平衡、繁复、精致的特点，给人以美感和艺术享受。在徽派建筑所在的古村落和古城，游客可以信步闲游，感受历史的氛围，沉浸在独特的建筑景观中，拍摄美丽的风景照片。

徽派建筑所在的古村落和古镇成为游客了解当地民间文化、传统生活方式的窗口。在这些地方，游客可以近距离接触当地居民，了解他们的日常生活、习俗和传统节日等。徽派建筑是当地民间文化的重要组成部分，其建筑结构、装饰等具有丰富的文化内涵。游客可以通过参观建筑、品味当地美食、参与传统手工艺活动等方式，深入了解徽州文化。游客还可以参观当地的博物馆、展览馆，了解徽派建筑的历史背景和演变过程。节庆活动、传统表演、手工艺品展销等活动也给游客带来了丰富的体验。徽派建筑所在地区的旅游服务设施也不断完善，为游客提供了住宿、饮食和购物的便利条件，满足了游客对旅游的各种需求。以徽派建筑为核心的风景区已经成为民间文化传播和交流的重要载体，有力地推动了当地民间文化的传承和发展。

（五）徽派建筑是徽州文化的象征

徽派建筑作为徽州的代表性建筑，具有重要的地域文化象征意义。徽派建筑反映了徽州人的审美观念、生活习惯和民俗传统，是徽州文化的重要组成部分。

徽派建筑体现了对称、平衡、简约的美学理念，充分体现了徽州人的审美观念。这种对美的追求在徽州的民间文化中得到传承和发扬，具有独特的地域文化特色。徽派建筑的布局符合当地居民的生活习惯。例如，徽派民居的天井可以采光、通风，满足居民对生活环境的需求；马头墙既具有装饰作用，又能防火、保护隐私。

　　徽派建筑中的祠堂、书院等建筑反映了徽州人重视家族、尊师重教、讲究礼仪等民俗传统。徽派建筑中的装饰往往蕴含丰富的民间传说和故事。这些传说和故事在徽派建筑的传承中流传下来，成为民间文化的一部分，丰富了徽州的民间文化内涵。

　　徽派建筑所在的古村落、古镇经常举行各种与当地民间文化相关的活动，如庙会、社火、民间艺术表演等。这些活动吸引了大量的当地居民和游客参与，成为当地民间文化传承和传播的重要场所。例如，庙会为游客提供了了解当地民俗、品尝地方美食和购买特色纪念品的机会，也促进了当地传统手工艺的传承和发展；社火是人们为了祈福、庆祝丰收开展的活动，通过独特的表演形式和艺术技巧，营造浓厚的民间文化氛围，具有独特的魅力；各种民间艺术表演可以让游客感受到徽州悠久的历史和具有当地特色的文化传统，深入了解当地民间艺术的独特魅力。

　　徽派建筑作为徽州民间文化的重要载体，为民间艺术、手工技艺等的传承和发展提供了空间和条件。对徽派建筑的保护和发展也是对徽州民间文化的传承和弘扬。

第六章　徽派建筑的传承特点

第一节　徽派建筑通过工艺传承其"形"

徽派建筑的"形"指的是外在形态和风格。现代徽派建筑通过对传统建筑布局与空间组织的传承，以及对现代工艺技术的应用，实现了对传统徽派建筑"形"的传承。

一、建筑布局与空间组织的传承

（一）中轴线布局

传统徽派建筑讲究中轴线对称布局。这种布局在现代徽派建筑中得以传承。现代徽派建筑沿用了传统的中轴线布局，呈现出和谐、统一的布局特点。这种布局方式有利于保持建筑的整体性和稳定性，体现了徽派建筑的精神内涵和外在"形"的特点。

宏村是一个典型的徽派古建筑村落，具有明显的中轴线布局。该村中的古宅、祠堂和庙宇沿中轴线排列，严谨而有序。建筑的立面简洁、大方，马头墙、斗拱、木雕等传统徽派建筑元素随处可见。此外，宏村

还有许多保存完好的古代街巷，有南湖、月沼等水体与建筑相互映衬，体现了徽派建筑与自然环境的和谐共生。

安徽省黄山市徽派民宿作为现代徽派建筑的典型代表，同样呈中轴线对称布局。徽派民宿沿用了传统的中轴线布局，建筑主体沿中轴线分布。通常，徽派民宿的大门、前厅、主楼、后楼等重要建筑都沿中轴线排列，保证了建筑群的整体性和稳定性，体现出徽派建筑布局的严谨与和谐。

（二）庭院空间设计

传统徽派建筑设计者注重庭院空间的营造，强调室内与室外空间的融合。现代徽派建筑设计者同样关注庭院空间的设计，采用天井、回廊等元素，使室内空间与室外空间融合，实现建筑与环境的和谐共生，凸显徽派建筑外在之"形"。

西递村是典型的徽派古建筑村落。该村建筑中的庭院空间设计体现了传统徽派建筑设计者对庭院空间营造的重视。在西递村的传统民居中，庭院通常被设计为宁静的私密空间。庭院中设有假山、水池、花坛等景观。庭院中的天井、回廊等起到连接各个建筑空间的作用，使得整个庭院空间更加通透和舒适。

庭院空间也是现代徽派民宿的重要组成部分。徽派民宿庭院设计者注重室内与室外空间的融合，通常在庭院设置假山、水池、花坛等，营造宁静、优美的庭院空间，再通过设置天井、回廊等，引入自然光线和新鲜空气。这种庭院不仅能美化建筑环境，还有助于室内外空气流通，增强建筑的生态性。此外，庭院中的绿植、水景等既能美化建筑环境，也有助于调节室内外温度和湿度，使民宿的舒适度更高。

（三）空间层次的划分

传统徽派建筑的空间呈现出层次分明的特点。现代徽派建筑继承了这一特点，具有不同高度的屋顶、错落有致的建筑布局，具有丰富的空间层次，既保留了传统徽派建筑的风貌，又满足了当代人的居住需求。

宏村的徽派古建筑充分体现了徽派建筑空间层次分明的特点。放眼望去，宏村的建筑错落有致，高低起伏，具有独特的空间层次。这是因为马头墙、斗拱和木雕等建筑元素强化了空间层次的表现。宏村的建筑不仅具有传统徽派建筑的特点，也为居民提供了舒适的居住环境。

黄山市徽派民宿继承了传统徽派建筑空间层次分明的特点。徽派民宿的建筑错落有致，高低起伏，具有丰富的空间层次。马头墙、斗拱和木雕等元素的运用强化了徽派民宿空间层次的表现，使徽派民宿在外观上也呈现出层次感。这种现代徽派建筑既保持了传统徽派建筑的风貌，又满足了当代人追求实用性和舒适住所的需求（图6-1）。

图6-1　徽派民宿

二、建筑装饰风格的延续与发展

现代徽派建筑广泛运用了马头墙、檐下斗拱、木雕、砖雕等传统装饰元素。这些元素强化了建筑的徽派风格，使建筑更具特色。建筑设计师还可以对这些元素进行创新应用。

（一）马头墙的沿用和创新

马头墙是传统徽派建筑中具有代表性的装饰元素之一。现代徽派建筑师在继承马头墙的基本形态的同时，还对其进行了创新，如在马头墙上雕刻现代图案，使其既具有传统意蕴，又符合现代人的审美观念。

现代徽派民宿设计师充分运用了马头墙这一传统徽派建筑元素。马头墙作为徽派建筑的标志性元素，以前的主要功能是使建筑免受风雨侵袭，也具有防火、装饰作用。现代徽派民宿采用了传统的马头墙元素，高耸挺拔，线条优美，庄重、典雅，具有徽派建筑的传统韵味。

现代徽派建筑设计师还对马头墙进行了创新。例如，现代徽派建筑设计师在马头墙的图案设计中融入了现代元素，采用具有现代意义的抽象图案，使马头墙既具有传统特色，又具有现代元素。在马头墙的建筑材料和工艺方面，设计师采用了现代的建筑材料和制作工艺，使马头墙质感更好、更加精致，满足人们对建筑品质的追求。

（二）檐下斗拱的沿用和创新

斗拱是传统徽派建筑中重要的构件。现代徽派建筑设计师在沿用斗拱的基本结构的同时，对其形式进行了创新。例如，现代徽派建筑设计师运用现代工艺制作斗拱，使其造型更加精美和细腻，为建筑增添了现代美。

斗拱作为徽派建筑的重要组成部分，主要功能是支撑屋顶和檐梁，

起到连接和承重作用，同时具有装饰效果。在某现代文化中心的建筑中，设计师沿用了传统斗拱的基本结构，以实现建筑的稳定和美观，表现出徽派建筑的独特风格。

在继承传统斗拱基本结构的基础上，设计师对斗拱的形式进行了创新。首先，在斗拱的造型方面，设计师尝试运用现代工艺制作斗拱，如采用高强度和耐候性的建筑材料，使斗拱具有更好的性能和耐久性。其次，在斗拱的装饰方面，设计师在斗拱中融入了现代元素，如在斗拱上雕刻现代主题的图案或采用符合现代人审美取向的色彩搭配，使斗拱既具有传统风格，又展现出现代美。此外，设计师还通过对斗拱的尺寸、比例和间距的调整，使斗拱符合空间美学理念，使其更具现代感和艺术价值。

（三）雕刻装饰风格的延续

砖雕、石雕、木雕是传统徽派建筑中具有艺术价值的装饰元素。现代徽派建筑设计师在沿用传统砖雕、石雕、木雕工艺的基础上，将现代元素融入砖雕、石雕、木雕中，如创作具有现代题材的砖雕、石雕、木雕作品，使其既具有传统韵味，又体现出时代特色。

现代徽派建筑大量运用传统的砖雕、石雕、木雕等装饰元素。现代徽派建筑设计师沿用传统工艺，采用精湛的雕刻技艺，为建筑物创作一系列具有徽派特色的雕刻作品。这些作品以其精美的细节和优雅的线条，展现了徽派建筑的传统韵味，为建筑增添了艺术价值。此外，现代徽派建筑设计师还将现代元素融入雕刻作品中，实现了传统与现代的完美结合。例如，设计师利用现代技术和材料，将砖雕与建筑的其他部分融合得更加紧密，呈现出独特的视觉效果。设计师在石雕选材和雕刻技法上进行了创新，使石雕作品更具现代美感。设计师尝试创作具有现代题材

的木雕作品，如以当地自然景观或现代生活为题材创作木雕作品，既展现出传统木雕的技艺，又反映时代特点。

三、工艺技术的传承与创新

传统徽派民居具有很高的历史价值和文化价值。但随着现代人生活需求的改变，传统民居在风热环境方面存在一定的局限性。例如，传统徽派建筑采光全靠天井，屋内整体阴暗，到了梅雨季节，四水归堂的布局使得院内雨水汇集，屋内湿气四溢，霉变严重；传统徽派建筑虽然在夏季凉爽宜人，但到了冬季阴冷、潮湿。针对此问题，现代徽派建筑设计师对传统徽派建筑工艺技术进行传承与创新，从而满足人们的生活需求，传承传统徽派建筑风格。

（一）采光与通风

在建筑采光方面，现代徽派建筑设计师可以在保持传统建筑风格的基础上，采用玻璃窗户和透光材料，如采用低铁玻璃，增加光线的传递，让室内空间更加明亮。低铁玻璃在保证光线传递的同时，对建筑美感的影响较小。现代徽派建筑设计师还可以利用光管，引导自然光线进入室内，提升建筑采光效果。

在建筑通风方面，现代徽派建筑设计师在保持传统徽派建筑风格的基础上，通过调整窗户和门的位置，优化建筑布局，提升建筑通风效果，降低室内湿度，减少霉变。设计师还可以考虑利用烟道，促进空气流动，提升建筑通风效果。另外，设计师还可以考虑采用开放式设计，打破传统封闭空间的局限，创造更多的开放空间。开放空间有利于通风。

（二）保温与节能

在建筑保温方面，现代徽派建筑设计师可以借鉴传统徽派建筑保温

的经验，采用砖瓦、厚实的墙体和屋顶等，提高建筑保温性能。设计师还可以利用现代保温材料，如利用保温墙板、隔热涂料等，提高建筑保温性能；通过优化建筑外形，减小外墙面积，减少热损失，提升建筑保温效果。设计师还可以采用双层玻璃、中空玻璃或低辐射玻璃等制作门窗，有效减少热损失，提高建筑保温性能。此外，加装遮阳设施（如百叶窗、窗帘等），也有助于调节室内温度。

在建筑节能方面，现代徽派建筑设计师可采用太阳能、地热能等可再生能源，实现绿色环保的取暖方式。设计师还可以使用低能耗的照明系统，如 LED（发光二极管）灯、太阳能灯等，降低能源消耗；还可以采用智能照明控制系统，实现自动调节亮度、开关灯等，进一步节约能源。

（三）功能与空间的重新规划

现代徽派建筑设计师可以在保留传统徽派建筑布局的基础上，对建筑空间进行重新规划，设置独立的卫浴空间，增加现代化的厨房设施，增加娱乐设施，以满足人们的生活需求。

1. 动静分区

现代徽派建筑设计师要充分考虑居住者的生活习惯，将动区与静区进行明确划分。例如，设计师将起居室、卧室等设于静区，使其远离嘈杂，有利于居住者休息；将厨房、餐厅等设置在动区，有利于家庭成员互动与沟通。

2. 开放式空间设计

现代徽派建筑设计师可以在保留传统徽派建筑空间格局的基础上，尝试引入开放式空间设计。比如，设计师采用开放式厨房设计，使厨房与餐厅贯通，增强空间通透性，方便家庭成员互动。此外，设计师还可以设置开放式书房、起居室等，让室内空间更加宽敞、明亮。

3.使建筑空间具有多功能性

现代徽派建筑设计师在设计时，可以考虑增加建筑空间的功能。例如，设计师可以在卧室中设置读书区、放置衣帽区等功能区。此外，设计师还可以考虑设置可拆卸墙、活动隔断等，让室内空间具有可变性，满足居民对室内空间不同功能的需求；可以考虑增加娱乐设施，设立专门的家庭影院、健身房、游戏室等，以满足居民需求。

4.人性化设计

现代徽派建筑设计师在空间规划上可以更加注重人性化设计。比如，设计师可以设置独立卫浴空间，使卫生间与浴室相互独立，增强其使用便捷性；考虑居住者的年龄、身体状况等，设置无障碍设施，提高居住者的居住舒适度。

（四）传统工艺与现代科技的结合

现代徽派建筑设计师在传承传统徽派建筑工艺的基础上，可以利用现代科技手段，如计算机辅助设计、三维打印等，提高施工效率和建筑质量，降低人工成本和时间成本。

现代徽派建筑设计师可以将智能建筑技术与传统工艺相结合，实现对建筑的实时监控。例如，设计师可采用物联网、人工智能等，实现对室内环境的智能调控，如调控温度、湿度、光照等。此外，设计师还可以利用智能安防系统，提高建筑安全性能。

在保留传统建筑工艺的基础上，现代徽派建筑设计师可以采用现代建筑材料，如轻质钢结构、玻璃幕墙等。这些材料不仅可以增强建筑结构的稳定性和耐久性，还能够满足人们对建筑物美观、舒适度的要求。

四、现代建筑技术在徽派建筑中的应用

（一）结构设计与优化

现代徽派建筑设计师可以做更精确、高效的建筑设计。这不仅有助于减少设计错误，还能确保建筑风格的完美呈现。设计师还可以在设计过程中预先模拟建筑在环境适应性、能源效率等方面的表现，提前发现并解决问题。

设计师利用现代建筑结构设计技术，还可以有效地提高徽派建筑的抗震性能、稳定性和承载力。例如，设计师采用钢筋混凝土结构、钢结构等，可以保证建筑的强度和耐久性（图6-2）。设计师利用计算机辅助设计技术，可以对徽派建筑的结构进行优化，降低工程成本，提高施工效率。

图6-2 用混凝土结构表现木结构的建造逻辑

（二）绿色建筑与节能

传统徽派建筑讲究与自然环境和谐共生。现代徽派建筑设计师在继承传统建筑理念的同时，可以引入绿色建筑理念，以使建筑更加节能、环保。

现代徽派建筑设计师可以充分利用可再生能源。比如，设计师可以利用太阳能设备，为建筑提供热水和电力，降低对传统能源的依赖度。风能和地热也是非常好的可再生能源。充分利用可再生能源，不仅能降低建筑的能耗，还能减少碳排放，有利于环保。

现代徽派建筑设计师也可以利用绿色建筑的元素，如利用绿色屋顶和绿墙。绿色屋顶可以通过植物来提高建筑物的隔热性能，降低建筑物对空调的依赖度，节约能源。绿色屋顶还可以吸收雨水，减小建筑的排水压力。绿墙可以通过植物来增强建筑的保温性，减少冬季的供暖需求，在夏季具有良好的遮阳效果，提高建筑物的能效。

现代徽派建筑设计师还可以通过科学的设计来增加建筑的自然采光和自然通风，降低建筑对人工照明和空调的依赖度，节约能源。

（三）智能建筑技术

现代徽派建筑设计师可以利用智能建筑技术，提高住宅的舒适度和便利性。设计师通过引入智能家居系统，可以使现代徽派建筑实现对室内环境的智能调控，如智能控制温度、湿度、光照等。智能家居系统可以通过传感器监测室内环境，并根据居住者的需求自动调节室内温度、湿度等。此外，智能家居系统还可以实现远程操控，方便居住者随时调节室内环境。

现代徽派建筑设计师可以在建筑中引入智能照明系统。智能照明系统具有自动调光、定时开关等功能，可以根据室内光线和居住者需求自

动调整灯光亮度，既能节省能源，又能保证居住者的视觉舒适度。

设计师可以在建筑中引入智能安防系统，提高现代徽派建筑的安全性能。例如，智能门锁、监控摄像头、烟雾报警器等可以实时监控建筑内的安全状况，使居住者及时发现和处理安全隐患。

设计师利用物联网技术，可以实现现代徽派建筑内设备的互联互通，方便居住者对家居设备统一管理。此外，居住者利用物联网技术，还可以实现数据的实时传输和分析，更好地了解家庭用能情况，实现节能环保。

设计师还可以在现代徽派建筑中引入智能能源管理系统，对建筑的用电、用气等情况进行实时监控。通过数据分析，居住者可以及时发现能源浪费问题，并采取相应措施实现节能减排。

（四）建筑材料与工艺创新

现代徽派建筑设计师可以利用现代建筑材料和工艺，提高建筑质量，增强建筑美感。例如，保温材料有聚氨酯保温板、岩棉板、硅酸铝纤维等，具有保温、隔热作用，能有效降低能耗，减小室内温度波动，提高室内舒适度。新型隔热涂料也有很多种，如红外隔热涂料、水性隔热涂料等，具有良好的散热和消热性能，能减少空调运行时间，实现节能。

现代徽派建筑设计师可以利用玻璃幕墙，将更多自然光线引入室内，实现室内外通透。设计师可以利用低辐射玻璃、中空玻璃等，提高建筑的隔热和保温性能。

现代徽派建筑设计师还可以充分利用金属材料，如利用铝合金、不锈钢等，实现建筑结构与装饰的创新设计。金属材料具有强度高、耐腐蚀、易加工等特点，可以提升建筑物的稳定性和美观度。

现代徽派建筑设计师还可以采用预制构件技术，将部分建筑构件在

工厂生产、制作，然后将其运至施工现场进行安装。这可以提高施工效率，减少施工现场环境污染，同时保证建筑质量。

（五）传统元素与现代元素的融合

现代徽派建筑设计师在保持传统建筑特色的基础上，引入现代建筑风格，如极简主义建筑风格。设计师通过简化建筑线条，强调空间透视关系和层次，设计出极简而现代的建筑，为徽派建筑注入新的活力。

现代徽派建筑设计师可以对建筑空间布局进行创新规划，根据现代人的生活需求，进行建筑布局。例如，设计师可以设置独立的卫浴空间、设置现代化的厨房设施、增加娱乐设施等，以满足现代居民的生活需求，同时保留徽派建筑的核心空间（如庭院、天井等），强化建筑的传统特色。

在建筑装饰方面，现代徽派建筑设计师可以在沿用传统徽派建筑砖雕、石雕、木雕特色工艺的同时，利用现代艺术和设计理念，实现富有创意和现代感的装饰效果。

现代徽派建筑设计师可以在室内设计中融入现代风格，例如，采用极简主义家具、现代化的照明设备等，在保持传统徽派建筑风格的同时，为居住者提供舒适、便捷的生活环境。

现代徽派建筑设计师还可以在设计过程中充分考虑建筑的灵活性与可持续性，以满足不同居民的需求，例如，采用模块化设计、可拆卸构件等，实现建筑空间的多功能性和可变性。

采用以上方法建成的现代徽派建筑既具有传统徽派建筑的文化底蕴，又能满足现代人对建筑的实用性和舒适性需求。

第二节　徽派建筑通过文化传承其"神"

一、徽派建筑文化传承中的历史沉淀

徽派建筑凝聚了徽州数百年的历史沉淀，这体现在建筑风格、建筑技艺、建筑材料以及空间布局等方面。在现代徽派建筑中，传统徽派建筑元素的运用对保留传统徽派建筑的历史沉淀至关重要。

宏村和西递村几乎保存了数世纪前村落的原貌。其中的古建筑是成熟的徽派建筑的典范。这些建筑不仅有高超的建造技艺和丰富的文化内涵，还具有地方特色，得到了人们的欣赏和赞美。

宏村和西递村的古徽派建筑不仅是珍贵的建筑文化遗产，也是中国古代社会和经济发展的重要见证。明中期以后，随着徽商的崛起和社会、经济的发展，徽商的财力逐渐雄厚。他们主要经营木材、茶叶和盐业。后来，徽商逐渐发展，势力逐渐增大。当时，徽商已经遍布大江南北，但是"落叶归根"的观念使得徽商愿意在家乡大兴土木，使徽州的建筑得以蓬勃发展。那些保存完好的古徽派建筑向人们展示了徽商的财富和智慧，也为人们提供了了解中国传统建筑文化、建筑历史和社会发展的重要窗口。

徽州文化底蕴深厚。徽州人对文化传承和教育非常重视。宏村的南湖书院志道堂有一副对联："漫研竹露裁唐句，细嚼梅花读汉书。"一些徽派祠堂内保存着朱熹理学派的碑文。年复一年的文化积淀让当地人坚信"万般皆下品，惟有读书高"（北宋汪洙《神童诗》）。

徽派建筑的祠堂是祭祀祖宗先贤、举行庆典、执行族规、嘉奖子孙、宴请功成名就者的场所。徽州名门望族修建祠堂、扩建宅邸，以展示家族昌盛、人丁兴旺。一般宗祠门外立石鼓，支祠门外立石镜，以显示等级区别和宗法森严。祠堂的结构与民居相似。祠堂采用穿斗式木构架，

围以高墙，外檐柱多用木石，中进享堂的月梁和金柱非常粗壮。

徽派建筑中的牌坊多用来表彰功德。

古老的徽派建筑见证了徽州的历史变迁。它们以自己的方式体现了徽州古人的智慧和信仰。徽派建筑中的书院、祠堂和牌坊等无不彰显着徽州深厚的文化底蕴，体现了徽州人的精神追求和价值取向。

二、徽派建筑文化传承中的哲学思想延续

徽派建筑充分体现了中国传统哲学思想，如道家的"天人合一""无为而治"、儒家的"和为贵""中庸之道"等。这些哲学思想主要体现在徽派建筑的结构、布局、装饰等方面，并在徽派建筑文化传承中得以延续。

（一）"天人合一"的宇宙观

徽州具有深厚的文化底蕴。徽派建筑受到了儒家思想、道家思想、佛教思想的影响。徽派建筑设计者注重对生态环境的保护，将建筑与自然环境相融合，在建筑中体现了道家的"天人合一"观念。例如，宏村的徽派建筑采用了引水入村的设计，具有防火、提供生活用水和灌溉等多种功能。宏村的水系曲折迂回，大小水流相互穿插，分布均衡。宏村的水源来自附近的溪流，水量充足，水流速度较快，便于村民在此洗涤衣物和蔬菜。

（二）"无为而治"

徽派建筑充分体现了道家"无为而治"的思想。徽派建筑设计者尊重自然环境，顺应地形地貌和地势进行建筑布局。在建筑风格上，徽派建筑设计者追求简约、自然的建筑风格。

徽派建筑的朝向非常讲究，通常为南北向或东西向，避免东南或西

南向。南北朝向被认为是最佳的朝向，因为南北朝向的建筑可以获得充足的阳光和自然通风。徽派建筑的布局讲究内向型四合，将建筑分为前、中、后三进院落。院落的大小、深浅和布局也非常重要。建筑中心一般有一口井或池塘，这是为了贮水，以保持空气湿润。飞檐翘角的方向以东南方向为主，可以阻挡烈日和雨水的侵袭。徽派建筑的色彩搭配也很讲究，徽派建筑通常使用黑、白、灰色建筑材料，辅以木雕装饰。这些颜色的运用不仅可以增强建筑的美感，也有助于营造良好的居住氛围。

（三）"齐家""和为贵""中庸之道"

儒家思想对徽派建筑的影响非常明显。徽派建筑在布局和空间组织上体现了家族传统和宗族观念。例如，徽派建筑中的家族祠堂、民居等都体现了尊重家族、维护家族荣誉的"齐家"的儒家精神。另外，徽派古民居多背靠山脉、面向阳光、临水，与自然和谐共生，既有封闭的高墙、大门，又有通透的天井空间，庭院内部的精致与外部的质朴相结合，题额、中堂、庭院的雅致与井、鹅卵石、乡间树木的乡土气息相结合，体现了"和为贵""中庸之道"的儒家思想。

（四）程朱理学的人文关怀

徽派建筑还受到程朱理学的影响，讲究人文关怀、满足人们的精神需求。徽派建筑设计者注重空间布局的合理、建筑的美观和人居环境的舒适。古徽州人将房屋山墙顶部用青砖砌成高出屋面的防火墙，因其外形酷似高昂的马头而称之为马头墙。马头墙的外形与屋顶坡度相协调。人们远望徽派建筑，会看到层层叠叠的马头墙高低起伏。墙顶挑出二排层檐砖，上面覆小青瓦，每只垛头顶部有金花板，其上有各种"鹊层"（雕凿似喜鹊尾巴的砖），还有"坐吻""印斗"等各种样式的座头。这种

建筑形式寓意家人盼望背井离乡的男子归来。错落有致的马头墙寓意主人求取功名"马到功成"。

三、徽派建筑文化传承中的地域特色体现

徽派建筑是中国传统建筑中独具特色的一派，其典型代表宏村、西递村等地的建筑充分体现了徽派建筑文化的地域特色。

第一，徽派建筑设计者充分考虑了当地的地形地貌特点。宏村和西递村位于山区，徽派建筑设计者充分考虑了山区的地势，采用了高低错落的布局，使得建筑能够很好地适应山地地形。

第二，徽派建筑具有徽州文化内涵。徽州人历来重视文化传承。许多徽派祠堂和书院等建筑是徽州文化的重要载体，其中保存着许多古代经典文献和历史遗迹，如南湖书院中保存的"漫研竹露裁唐句，细嚼梅花读汉书"对联和祠堂内保存的朱熹理学的碑文，这些古代文物都是当地文化传承的重要标志。

第三，徽派建筑体现了徽州人的智慧和创造力。徽州人崇尚商贾。徽州形成了独特的商贾文化。徽州商人的财力支持了徽派建筑的建造。徽派建筑体现了徽州商人和建筑工匠的智慧及创造力。

第四，在建筑建造过程中，徽州人采用了当地独特的建筑技术和材料，如混合式木构架、木石混合的外檐柱等。这些建筑技术和材料不仅增强了建筑的稳定性，使建筑更美观，还使徽派建筑成为古代建筑的一大亮点。

四、徽派建筑文化传承适应当代社会需求

人们在传承徽派建筑文化的过程中，需要在保留传统建筑特色的基础上，使建筑紧跟社会发展步伐，实现传统元素与现代元素的有机结合。如今的徽派建筑师可以在传承徽派建筑文化的基础上，运用现代建筑技

术，对徽派建筑进行创新，满足当代人的需求。一方面，徽派建筑作为中国传统建筑的瑰宝，承载了丰富的历史和文化内涵，具有很高的文化价值，因此需要得到保护和传承；另一方面，随着城市化的发展和人们生活方式的改变，徽派建筑的使用功能也需要与时俱进，以适应当代社会需求。

在徽派建筑文化传承方面，可通过教育、宣传等，让更多的人了解徽派建筑的历史和文化价值，并将其传承下去。可以建立徽派建筑博物馆，举办节庆活动，开展文化遗产保护和修复，让公众了解徽派建筑的魅力和价值。同时，需要加强对徽派建筑的保护，避免其被过度改建或拆除，以保护其历史风貌。

在满足社会需求方面，根据当代人的需求，对徽派建筑进行适度的改建和利用。例如，可以将一些徽派民居改建成文化创意产业园区、民宿等，也可以将一些祠堂和牌坊改建成文化艺术中心、图书馆等，以满足当代社会需求，同时有助于增强徽派建筑的活力，使其更好地传承（图6-3、图6-4）。

图6-3　唐模村游客接待中心

图 6-4　徽派公共服务设施

第三节　徽派建筑通过空间布局、建筑元素传承其"意"

徽派建筑具有独特的艺术风韵，在建筑史上占据重要地位。徽派建筑不仅仅是砖、瓦、木、石的物质组合，也具有丰富的传统文化内涵。徽派建筑的"意"就是徽派建筑表现出的意境，体现在其独特的空间布局和建筑元素等方面。建筑设计师通过传承徽派建筑的空间布局和元素等，能够传承其"意"，能够传承徽派建筑的文化内涵和精神内涵。

一、建筑空间布局

徽派建筑空间布局的精髓在于使建筑与自然环境相融合，并巧妙地利用各种元素来表达一定的意境。在徽派建筑中，各个空间是相互关联的，形成一个完整、和谐的整体。

在徽派建筑中，空间边界不是刚硬和封闭的，而是柔和且富有变化的，既限定了空间，又为空间的拓展和延续提供了可能。这样的边界处理不仅有助于满足人们对空间功能的需求，也强化了徽派建筑的文化特

色，表现出其意境。

在徽派建筑中，过渡区域也非常重要。过渡区域是不同空间之间的连接区域，往往是人们活动较频繁的区域。它不仅是人们从一个空间到另一个空间的必经区域，也具有社交空间的功能。建筑设计师通过对过渡区域的合理设计和布局，可以使徽派建筑更加符合人的活动规律和使用需求，增强建筑的实用性和舒适性。优雅而自然的过渡可以使建筑中的各个部分形成有机的整体，也可以在细节和环境氛围方面展现徽派建筑的意境和魅力。

二、建筑元素

徽派建筑元素不仅可以作为装饰和点缀，也是空间组织和意境表达的关键。在徽派建筑中，马头墙、木雕窗花、翘角飞檐等都以独特的形式和工艺，成为引人注目的焦点，赋予了建筑丰富的文化内涵和厚重的历史感。一个建筑元素或几个建筑元素作为一个节点，在建筑空间中起到连接和集聚的作用。一个成功的节点不仅能够增强空间的可识别性，也能引导和汇集人流，成为人们社交的场所。在徽派建筑中，节点可能是一个庭院、一个回廊交会点，或是一个装饰精美的门楼。这些精心设计和布局的节点能够引导视线和步行路径，也能使空间更加和谐，使建筑更美观。

徽派建筑有一些独特的标志物。这些标志物不仅可以作为位置和路线的参考，引导人们在建筑空间中的行走路径，也可以具有一定的装饰艺术，激发人们的情感和想象。例如，一个精心设计的门楣不仅可以标明建筑的入口，还可以通过其独特的造型和装饰，体现出建筑的功能和美感。建筑标志物的序列性也是建筑设计师需要考虑的。建筑设计师通过有序和连贯的标志物布局，可以创建出流畅和自然的空间序列，使人在经过和使用空间时感到舒适和便利。建筑标志物的这种序列性不仅有助于人们对空间的识别和记忆，也有助于营造稳定、和谐的空间氛围。

另外，徽派建筑注重充分运用线条来构筑和塑造空间，通过线条设计引导人的行走路径，使线条自然、流畅。建筑设计师通过线条的有序排列和组合，打造出易于识别和感知的建筑形态，巧妙地引导观者的视线和步伐。例如，徽派建筑的马头墙以层次分明、高低错落的线条展现在人们眼前。这些线条既有力度，又富有节奏，勾勒出建筑的轮廓，也体现了徽派建筑的审美特点。

线条在徽派建筑中不是孤立存在的，而是和整个建筑环境相交融的。在一些古村落中，徽派建筑的线条在青砖、黛瓦、粉墙的映衬下显得具有独特的美感。在蓝天、白云之下，这些线条更加清晰，仿佛在讲述着古老的故事。如今的建筑设计师可以在设计中传承徽派建筑的线条设计，使建筑具有传统文化内涵和独特的艺术魅力。建筑设计师在设计线条时，要考虑空间的变化和线条的视觉引导功能，通过对线条的高低、长短、曲直的精确把握，打造出丰富多变的空间，使人在其中可以感受到空间的连续与和谐，同时使人可以感受到空间的变化与新奇。

徽派建筑独特的空间布局、元素、文化内涵和艺术魅力，使其具有独特的意境。人们远远看一眼，就能分辨出那种意境是属于徽派建筑的。如今的建筑设计师想要在设计中传承徽派建筑的"意"，可通过适当运用徽派建筑的空间布局，让建筑空间呈现出独特的意境，使其在视觉上更为突出和令人难忘。另外，建筑设计师也可以利用建筑元素和节点，赋予建筑鲜明的外部形象和特色。建筑设计师在设计中传承徽派建筑的"意"，可以使传统的徽派建筑文化在当代社会中得以传承，使建筑空间既具有徽派建筑的意境，又充满活力和时代感。

例如，安徽黄山的德懋堂度假村充分体现了对传统徽派建筑意境的保护和继承。其设计师依据山形地势，按照原有的徽派建筑形态，实施

原拆原建的策略。这不仅保持了徽派建筑的风貌，也使其与周围自然环境和谐共融，彰显了"碧波环绕青山，绿竹掩映白墙"的意境。这样的改造不仅是对徽派建筑元素的重新诠释和展现，也是传统建筑与现代建筑设计相碰撞、相融合的尝试。黄山德懋堂度假村因此呈现出既古朴、典雅又富有现代气息的独特魅力。

黄山德懋堂度假村既继承了传统徽派建筑的精髓，体现了徽州文化，又符合现代生活需求。它不仅具有传统徽派建筑的美，也传承了传统徽派建筑营造技艺，将传统徽派民居的内在意境与现代生活方式、科学技术相融合，实现了徽派建筑的新生。这要归功于设计师重视每一处建筑意境的表达。例如，在该度假村的设计中，设计师为了保留一棵百年老树与建筑相得益彰的意境，放弃了原本设计好的方案。这样的设计细节反映了设计师对自然的尊重，为德懋堂度假村营造出一种和谐的自然美，体现了人与自然和谐共生。

德懋堂度假村的设计成功地将传统徽派建筑元素与现代建筑功能相结合，打造出既具有地域文化特色又符合现代生活需求的度假村建筑。这种传统元素与现代元素的融合不仅体现在建筑的形式上，也体现在设计师对传统文化的传承和对自然的尊重上。德懋堂度假村成为一个将历史、文化和自然完美结合的度假村。

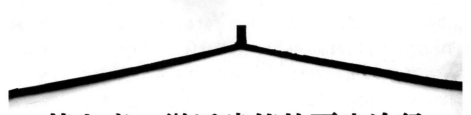

第七章 徽派建筑的再生途径

第一节 通过在城市公共空间环境中应用徽派建筑实现徽派建筑再生

一、城市规划中的徽派建筑元素应用

在城市规划中，徽派建筑元素是一种重要的文化资源，具有很高的历史价值、文化价值和艺术价值，能够为城市营造出浓厚的文化氛围，也能够提高城市的美观度和生态环境质量，有利于城市的可持续发展。

徽派建筑元素包括建筑结构、装饰和庭院景观等。徽派建筑通常采用穿斗式木结构，也就是将梁、柱、墙、地板组成一个整体。这种结构可以使建筑更加牢固，也可以充分利用材料，增强建筑的经济性。此外，徽派建筑还采用了许多装饰，如雕刻、彩画、镶嵌等。这些装饰元素不仅可以提高建筑的美观度，还可以体现出当地的文化特色和历史传统。徽派建筑还讲究庭院景观的营造，通过景观布置和植物种植，营造出和谐、舒适的居住环境。

在城市规划中，可以运用徽派建筑元素，营造出具有浓郁地方特色

和历史文化氛围的城市公共空间环境。例如，可以仿建古徽派建筑，将仿建的古建筑作为城市公共空间的主体建筑。这不仅可以提高城市的美观度，还可以吸引更多的游客和文化爱好者前来参观和学习。另外，还可以将徽派建筑的庭院景观融入城市公共空间中，打造和谐、舒适的公共空间环境。

二、公共空间设计中徽派建筑的应用

徽派建筑可以为城市公共空间设计提供许多有益的启示。徽派建筑的形式、装饰、室内设计等都具有其特点，可以为城市公共空间设计提供丰富的元素和灵感。

（一）徽派建筑形式的应用

徽派建筑体现了"天人合一"的思想，与自然环境相融合。在城市公共空间设计中，也应该考虑自然环境的因素，使公共空间与自然融合，营造出舒适、宜人的环境。例如，可以利用徽派建筑的天井设计，在公共空间中设置庭院、花园等绿化区域，增加绿色植物的覆盖面积，营造出自然、宁静的氛围（图7-1）。

图7-1　黄山国际大酒店内庭

（二）徽派建筑装饰的应用

徽派建筑的装饰极具特色，其花鸟、山水、人物、几何图案等装饰元素具有浓郁的文化气息。在城市公共空间设计中，可以利用徽派建筑的装饰元素，将传统文化与现代城市相结合，营造出具有文化底蕴的城市公共空间。例如，在公共广场、公园等地方设置传统文化主题雕塑、壁画等装饰，既能美化环境，又能让人们了解中国传统文化（图7-2）。

图7-2　公园雕塑

（三）徽派建筑室内设计理念的应用

徽派建筑的室内设计讲究精致，注重材料的运用和细节的处理。在城市公共空间的室内设计中，可以借鉴徽派建筑的室内设计理念，打造精致、高雅的空间。例如，在公共建筑的室内设计中，可以运用木质家具、中式装饰等，打造出具有浓郁中国文化气息的空间。

徽派建筑在城市公共空间设计中的应用，不仅可以丰富城市公共空间的元素，营造出独特的文化氛围，也能从文化、环保等多个角度出发，实现城市公共空间中徽派建筑的再生。

第二节　通过将传统徽派建筑与现代建筑融合实现徽派建筑再生

徽派建筑经过数百年的传承和发展，充分融合了徽州的文化传统，具有独特的风格和鲜明的地方特色。在当代，建筑师可以充分利用徽派建筑元素，实现传统徽派建筑与现代建筑的融合，从而实现徽派建筑的再生。

一、现代建筑设计中的徽派建筑元素运用

在现代建筑设计中，设计师可以将徽派建筑元素巧妙地运用到现代建筑中，打造具有独特风格和文化内涵的建筑。

（一）马头墙的应用

马头墙是徽派建筑的典型元素之一，不仅具有实用性，也符合当地人的审美观念，具有重要的历史价值和文化价值。在现代建筑设计中，马头墙的应用有很大的潜力。设计师可以通过创新的方式，使马头墙在现代建筑中发挥更大的作用，提高其在现代建筑中的价值。

马头墙在现代建筑中可以发挥装饰作用。人们可以将马头墙运用于现代建筑的外立面，建造出具有徽州文化特色的建筑。此外，现代建筑常常使用大量的玻璃幕墙。建筑设计师可以将马头墙与玻璃幕墙相结合，打造出美观、独特的建筑。例如，亚明艺术馆将中国画中的"线"用于建筑立面，表现抽象的马头墙的形象，彰显了建筑的气韵，利用轻钢框架结构增强建筑坚固性，采用双层玻璃墙，让射入室内的光虚化和扩散，使建筑空间具有中国画的意境（图7-3）。

图 7-3　亚明艺术馆

马头墙在现代建筑中依然能发挥其防火和防盗的作用。在现代建筑设计中，设计师为了增强建筑的安全性，往往采用大量的防火和防盗设施，这些设施可能对建筑的美学价值造成一定的影响。马头墙可以被改良和创新，被应用到现代建筑中，既具有防火和防盗的作用，又不影响建筑的美观。

（二）徽派三雕的应用

砖雕、石雕、木雕是徽派建筑的重要组成部分，也是古代徽州传统工艺的代表。在现代建筑设计中，设计师可以将徽派三雕进行简化和创新，将其运用到现代建筑中。设计师也可以采用现代工艺和材料，将传统的徽派三雕元素运用到现代建筑中，设计出具有美学价值和文化魅力的建筑。

（三）粉墙的应用

粉墙是徽派建筑的典型元素之一，具有重要的历史价值和文化价值。

在现代建筑设计中，粉墙的再生应用有着广泛的前景。建筑设计师可以通过创新的方式，将粉墙应用到现代建筑中，使粉墙发挥更大的作用，提高其在现代建筑中的价值。例如，粉墙可以在现代建筑中发挥装饰作用。建筑设计师可以将粉墙运用于现代建筑的外立面，从而打造出具有鲜明的地域特色的建筑。粉墙还可以在现代建筑中发挥环保作用。在现代建筑设计中，建筑环保是设计师需要考虑的一个重要问题。粉墙具有良好的环保性，可以被应用于现代建筑中。建筑设计师可以采用环保材料和工艺，将传统的粉墙元素运用于现代建筑中，既能保护环境，又能传承徽派建筑文化（图7-4）。

图7-4 粉墙、青瓦

（四）屋顶的应用

坡屋顶也是徽派建筑的代表性元素，也在现代建筑设计中得到了广泛应用。坡屋顶这一传统建筑元素被当代设计师赋予了新的形式和功能，以使建筑符合当代人的审美要求。通过对传统坡屋顶的创新运用，许多设计师打破了传统的束缚，设计出具有时代特点和现代性的建筑。他们通过将传统坡屋顶与现代建筑材料和技术相结合，打造出了更具时尚感

和艺术感的建筑形态。例如，一些现代建筑采用了斜坡形的屋顶，具有强烈的线条感和空间感，现代感十足，如图 7-5 所示。

图 7-5 具有线条感的现代建筑

在屋顶的设计中，设计师还可以设置一些现代化的设施，如太阳能板，不仅能提升建筑的环保性，也能提高建筑的使用价值。

（五）天井的应用

传统徽派建筑中的天井在现代建筑中具有新的价值和应用方式。设计师可以对传统天井进行新诠释和再生应用，将其融入现代建筑中，打造出具有现代美感和实用性的建筑。

天井可以用于建筑的采光和通风。在现代建筑中，采光和通风是非常重要的。运用天井元素，设计师可以创造出更加舒适的室内环境。天井不仅可以提供足够的光线，利于空气流通，还可以增强建筑的自然感，如图 7-6 所示。

图 7-6 天井的现代应用

　　天井的应用还可以优化建筑空间布局。在现代建筑设计中，空间布局是设计师表现建筑形态和功能的重要手段。运用天井元素，设计师可以设计出具有灵动感和流畅感的空间布局，增强建筑的美感和通透性。

　　天井还可以作为建筑的装饰来营造氛围。在现代建筑设计中，建筑的装饰是设计师表现建筑文化内涵和风格的重要手段。运用天井元素，设计师可以设计出具有艺术感和文化内涵的装饰，为建筑增添独特的文化韵味和文化内涵。

二、传统徽派建筑与现代建筑的碰撞与融合

传统徽派建筑作为中国古代建筑的一种，以其典雅、古朴和地域特色深受人们喜爱。现代建筑以简洁、实用和多样性为主要特点。在进行现代建筑设计时，设计师可以将传统徽派建筑与现代建筑融合，既满足人们的需求，又体现出建筑的特色和地域性，打造出更具活力和魅力的建筑空间。例如，设计师可以将传统徽派建筑的马头墙、翘角、格子窗等元素与现代建筑的大面窗相结合，使建筑在保留传统特色的基础上，呈现出具有现代气息的外观。设计师还可以将传统徽派建筑的材料与现代建筑材料相结合，给建筑带来新的生命力。例如，设计师可以将传统的粉墙、青瓦与现代建筑的玻璃、钢结构、混凝土等相融合，使现代建筑既展现出传统徽派建筑的古朴韵味，又具有现代气息（图 7-7）。

图 7-7　绩溪博物馆内部的钢结构屋架

建筑设计师可以将传统的徽派建筑中的院落、天井等空间与现代建筑空间相结合，打造出更加适合当代人生活的建筑空间。例如，设计师可以在院落中增设休闲、娱乐功能区，满足居住者的需求。

在建筑设计过程中，设计师还要充分考虑传统徽派建筑与现代建筑的文化内涵。设计师通过对徽派建筑的历史、文化、地域特色的研究，挖掘其内涵，并将传统徽派建筑文化内涵融入现代建筑中，使建筑既具有传统韵味，又有现代活力。

三、新旧建筑共存的城市肌理

新旧建筑共存是城市发展中的一个重要议题，指的是城市中既有传统历史建筑，也有现代建筑，两者共同构成了城市的肌理。在传统徽派建筑与现代建筑融合的实践中，新旧建筑共存的城市肌理更加得到了重视。

旧建筑是城市文化的重要组成部分，具有历史价值和文化价值，可以展示城市的传统文化和建筑风格，是城市的重要文化遗产。现代建筑代表了城市发展的未来，具有现代技术和创新设计，可以为城市注入新的活力。新旧建筑共存，可以使城市具有传统和现代、历史和未来的双重特征，让城市更加丰富多彩、更具吸引力。

在新旧建筑共存方面，需要注意让新旧建筑有机结合起来，打造和谐的城市空间。传统徽派建筑讲究与自然环境的和谐，讲究空间的合理布置，具有深厚的文化底蕴。在现代建筑设计中，设计师可以借鉴传统徽派建筑的设计理念，将传统徽派建筑元素运用到新建筑中，使新建筑与旧建筑相得益彰，构成和谐的城市肌理。

另外，在新旧建筑共存方面，也需要考虑建筑的功能和使用。旧建筑多为居民住宅或文化遗产，现代建筑多为商业建筑或办公建筑。在新旧建筑共存方面，需要根据建筑的不同功能，合理规划城市空间，使新旧建筑满足城市发展的需求，也要保护旧建筑。

四、创新性的徽派建筑设计实践

在现代建筑设计中，设计师不能仅仅关注单一的设计元素是否符合规范和功能需求，而应该从建筑的环境出发，注重建筑与环境的协调。设计师需要对室内空间与室外环境进行整体考虑，打造出具有特色的建筑空间。例如，黄山云谷山庄依山傍水，自然环境优美。其设计师利用山势起伏将建筑与周围自然环境有机结合，营造出自然与人文相融合的和谐氛围。黄山云谷山庄还融合了传统徽派建筑风格与江南园林特点，呈现出古朴、淡雅、清新、含蓄的建筑特色。在建筑材料及色彩的运用方面，设计师考虑到建筑的地方特色和环保性能，使用了传统徽派建筑的粉墙青瓦，选择当地的竹、石、木与预制装饰构件相结合，展现出独特的建筑风格和文化内涵（图7-8）。绩溪博物馆将徽派建筑与周边的山水相融合，展现了"北有乳溪，与徽溪相去一里并流，离而复合，有如绩焉"（《元和县志》）的绩溪的特点。绩溪博物馆有多个庭院和小巷，有起伏的屋面轮廓、钢架玻璃结构的天井、大面积的青瓦、隔而不断的瓦窗，点面结合、由表及里地展现了绩溪悠久的历史和优美的风景，既有现代建筑风格，又有传统徽派建筑元素（图7-9）。杭州紫荆天街建筑汲取了本地建筑和传统徽派建筑的精髓，以江南民居的形式呈现，以现代弧线改造传统坡屋顶，外观优雅、简洁，与周围环境相融合，将烟雨江南的诗意融入建筑空间。紫荆天街建筑的设计师将五里塘河衍化成流动的线条，使其宛如波浪高低起伏、从外立面一直延伸到室内，赋予公共空间流动感，并受到水墨画留白的启发，设置多个庭院，为人们提供充足的休息场所，打造浪漫、温馨的沉浸式景观。

图 7-8　云谷山庄

图 7-9　建筑屋面起伏，与山形相融合

第三节 通过徽派建筑元素运用实现徽派建筑再生

一、徽派建筑元素在室内设计中的运用

在现代室内设计中运用徽派建筑元素，不仅可以提升设计的艺术性，还可以展示中国传统文化的魅力。徽派建筑的彩画元素富有诗意，设计师可以在室内墙面加入彩画，营造出古朴、雅致的氛围。精雕细琢的徽派窗棂十分精美，设计师可以把这些花纹运用到室内窗户或隔断设计中，为室内空间增添艺术感。徽派建筑的家具常常使用深色木材，形状古朴，设计师可以在现代家具设计中融入徽派家具元素，比如，在家具的雕刻、颜色和材质上展现徽派家具特色。设计师还可以把徽派建筑中常常出现的彩画和雕花运用到现代家具的装饰设计中，例如，可以在椅背、桌面等部位加入彩画或雕花，使家具富有艺术感。徽派建筑的梁柱往往具有丰富的装饰性雕刻，这些元素可以被运用到室内梁柱的装饰设计中。徽派建筑的窗棂和屋檐能创造出独特的光影效果，设计师可以受此启发，进行室内灯光设计。设计师还可以根据徽派建筑的彩画风格，设计出富有中国传统文化气息的室内摆件，如国画、瓷器画等；也可以将徽派建筑的雕花元素运用到摆件设计中，如雕花的木质摆件、雕花的瓷器摆件等。这些摆件不仅可以装饰室内空间，也能够展现出中国传统文化的魅力。

二、徽派建筑在旅游景区的应用

随着中国旅游业的蓬勃发展，越来越多的旅游景区注重地域文化的保护和挖掘。徽派建筑作为中国古建筑的代表之一，吸引了众多游客。为了更好地展现徽派建筑的魅力，许多旅游景区对徽派建筑进行了再现，利用徽派建筑丰富景区内的建筑形式。

（一）对历史建筑进行保护与修复

专业团队对历史遗留徽派建筑进行保护和修复，尽量保持建筑原有风貌，并将其融入旅游景区，让游客能够感受到徽派建筑的传统韵味。专业团队通常会采用可持续的方法和现代技术对徽派建筑进行修缮，使古建筑更符合当代的使用需求。这既能保持古建筑的原有风貌，又能提高建筑的使用价值，从而实现建筑可持续发展。很多徽派建筑所在的古镇、村落都具有悠久的历史。保护和修复这些建筑有助于保护整个古镇或村落的历史风貌，有助于强化景区的地域特色，展现当地的文化底蕴和人文魅力，提高当地的知名度，吸引更多游客参观、游览。

（二）新建徽派建筑

许多新建的旅游景区也会运用徽派建筑风格，打造具有地域特色的建筑群。这些新建筑的设计和建造注重继承徽派建筑的特点，运用徽派建筑元素，如青砖、白墙、马头墙、翘角飞檐等，同时运用现代技术，丰富建筑的功能，提高建筑空间的舒适度，为游客提供富有文化底蕴的新徽派建筑。

1.强调地域特色

在新建徽派建筑的景区，游客既可以领略徽派建筑风韵，又可以使用现代化的设施。这种具有地域特色的建筑能够展现当地的独特文化，吸引更多的游客（图7-10）。

图7-10　具有徽派建筑特色的鸠兹古镇

2.运用现代技术

在新建的徽派建筑中，建筑师通常会运用现代技术，使传统元素与现代元素相结合。例如，建筑师运用节能材料、绿色建筑技术等，在保持传统建筑风格的基础上，提高建筑的可持续性和舒适度。建筑师还可以运用现代技术提升建筑的实用性和安全性。

3.丰富旅游产品

新建徽派建筑的景区为游客提供了更丰富的旅游选择。这些景区可以结合特色建筑，设计出独特的旅游产品，如民俗文化活动、非物质文化遗产展示、地方美食等，满足游客的多元需求（图7-11）。

图7-11 古镇内的表演活动

4.传承传统文化

景区可以在徽派建筑设计和建造过程中，对传统徽派建筑元素进行创新性运用，使建筑更符合当代人的审美观念。这种做法有助于传承和弘扬徽派建筑文化，让徽派建筑文化得以在当代社会中延续和发展。

5.提高经济效益

景区通过新建徽派建筑，可以提高一些旅游产品的附加值，吸引更多游客前来参观、游览，从而带动当地旅游业发展，实现经济效益的提升。

（三）徽派建筑在旅游景区的应用实例

1.乌镇

乌镇是浙江省嘉兴市的一个历史文化名镇，拥有丰富的徽派建筑资源。乌镇景区内的戏台、码头、老街、民居等均保留了徽派建筑的特点，能为游客提供独特的旅游体验。

乌镇的戏台是徽派建筑的典型代表。这些戏台往往建在水边，有精致的木雕和彩绘，为游客提供了欣赏传统戏曲的场所。在夜晚，当灯光照亮戏台，游客可以在此欣赏传统的戏曲表演。

码头是乌镇的重要组成部分，多由青石板铺成，两边有徽派建筑，是一道独特的风景线。游客可以乘坐传统的木船在河道中穿梭，近距离欣赏岸边的徽派建筑。

乌镇的老街保存了大量的徽派建筑。这些建筑的外墙以白墙、黑瓦为主，窗户上常常装饰有精美的木雕，内部有复杂的梁柱结构和精致的装饰画。在这些老街上，游客可以欣赏徽派建筑的美，也可以深入了解其背后的历史和文化。

乌镇的民居是徽派建筑。这些民居多为二层结构，一楼通常用作商铺或工作室，二楼为居住区。民居设有天井以保证采光，屋顶的斗拱和横梁上有精美的雕刻，展现了徽派建筑的独特魅力，如图 7-12 所示。

图 7-12 乌镇

2. 宏村

宏村位于安徽省黄山市，被誉为"中国画里乡村"，是中国著名的徽派建筑文化村落，已被列入世界文化遗产名录。宏村拥有丰富的徽派建筑资源，有南湖、月沼、双溪桥等风景名胜，能为游客提供深入了解徽派建筑的场所，如图 7-13 所示。

图 7-13　宏村

宏村的建筑大多有马头墙。马头墙造型独特，位于屋顶的四周，既美观，又有很高的实用价值。宏村的马头墙往往装饰着精美的砖雕和木雕，展示了徽派建筑的独特魅力。

在宏村的徽派建筑中，随处可见精美绝伦的砖雕和木雕。这些雕刻作品以精湛的技艺和独特的造型吸引了众多游客。特别是一些窗棂、梁柱上的雕刻，有生动的故事和美好的寓意，体现了徽派建筑的文化内涵。

南湖是宏村的标志性景点，湖畔有许多徽派建筑。这些建筑依水而建，以白墙、黑瓦为主，宛如一幅美丽的水墨画。游客可以在湖畔漫步，欣赏这些古建筑，也可以乘船游览，感受宏村的宁静和优美。

宏村还保留了完整的一片古建筑群，其中有古民居、祠堂、庙宇。游客参观这些古建筑，可以了解徽派建筑的结构和风格特点，还能深入

了解当地居民的生活和文化。

月沼也是宏村的一个著名景点，因湖面形似弯月而得名。月沼周围有许多徽派建筑。这些建筑与水相映成趣，构成了一幅美丽的画卷。在这里，游客可以欣赏到徽派建筑与自然景色的完美融合，感受古村落的宁静和祥和。

双溪桥是宏村的一座著名古桥，依山傍水，采用石头和木头建成，呈现出徽派建筑特有的质朴和稳重。游客可以在桥上欣赏两岸的古建筑和美景，也可以听导游讲述关于这座桥的历史和故事。

宏村还设有徽派艺术馆。这里展示了大量的徽派建筑模型和相关艺术作品，为游客提供了了解徽派建筑历史和文化的好去处。

3. 徽州古城

徽州古城位于安徽省歙县，是徽派建筑的发源地之一。徽州古城内的古建筑群体现了徽派建筑的精华，如古代官署、祠堂、商会等建筑均具有典型的徽派建筑风格。

徽州古城内保存有多处古代官署，如衙门、兵备道署等。古代官署讲究实用性和装饰性的结合，具有庄重、典雅的特征。其布局体现了人与自然的和谐共生。

祠堂是徽州古城具有代表性的徽派建筑。祠堂通常用于祭祀祖先或重要人物，往往采用复杂的梁柱结构，雕刻精细，装饰华丽，体现了徽派建筑的艺术价值。

徽州古城的商会建筑也是徽派建筑的典型代表。商会是古代商人为了共同应对商业风险而设立的组织。商会建筑多注重实用性和稳重感。商会建筑布局严谨，装饰精致，展现了徽派建筑的独特魅力。

徽州古城的老街和民居最具人文色彩。这些老街和民居建筑风格独特，具有徽派建筑的特点，如有黑色瓦片的屋顶、白色的墙体、精致的窗棂等。在这些老街和民居中，游客可以感受到徽派建筑的魅力，感受

到古城的生活气息。

徽州古城保存下来的古城墙以砖、石为主要材料，构造稳固，体现了徽派建筑的实用性和耐久性。城墙的设计和建造技艺是徽派建筑营造技艺的重要展现，如图7-14所示。

图7-14　徽州古城

4.黄山风景区

黄山位于安徽省黄山市，是世界文化与自然双遗产。黄山风景区内的建筑，如宾馆、庙宇、书院等，均具有徽派建筑风格。这些建筑与周围的自然景观相得益彰，体现了徽派建筑与自然环境相融合。

黄山风景区内的宾馆多具有徽派建筑风格，有白墙、黑瓦、雕梁画栋，有传统的中国特色。这些宾馆通常建在山脚或山顶，与周围的自然环境相融合，为游客提供安静、舒适的休息场所。

黄山脚下的黄山庙是供游客祈福的地方，其建筑风格典型，精美的装饰体现了徽派建筑的艺术价值。庙宇通常建在山势险峻的地方，与周

围的自然环境相融合，体现了人与自然的和谐共生。

书院是古人的学习场所，通常庄重而简朴，以体现学术的严谨性。黄山书院具有徽派建筑风格，布局严谨，装饰精致，与周围的自然环境相得益彰。

黄山风景区内的其他建筑，如观景台、亭子、桥梁等，也多具有徽派建筑风格。这些建筑既有实用性，又有艺术性，与周围的自然环境相融合，为黄山风景区增添了艺术美感。

三、徽派建筑元素在现代建筑设计中的应用方法

在建筑设计中，设计师可以将传统建筑元素与当代人的审美需求相结合。徽派建筑是具有较高艺术价值的传统建筑。设计师可以运用以下方法，将徽派建筑元素运用到现代建筑中，从而实现徽派建筑再生。

（一）提取徽派建筑的设计精髓

在设计现代建筑时，设计师可以提取徽派建筑的设计精髓（如青砖、白墙、马头墙、翘角飞檐等），将其融入现代建筑中，使建筑既具有传统韵味，又符合人们的审美需求。

1. 现代徽派酒店设计

在设计现代徽派酒店时，设计师可以将青砖、白墙、马头墙、翘角飞檐等徽派建筑元素融入酒店中。例如，设计师可在外墙设计中采用白墙、青砖的组合，再运用马头墙和翘角飞檐，让酒店的整体外观既具有传统徽派建筑风格，又能满足人们的审美需求。在酒店内部设计中，设计师可以巧妙运用徽派建筑的砖雕、木雕等装饰元素，为客房和公共空间营造传统徽派建筑的氛围（图7-15、图7-16）。

图 7-15　黄山昱城皇冠假日酒店

图 7-16　黄山君迈酒店的冬瓜梁木雕

2. 现代徽派别墅设计

在现代徽派别墅设计中，设计师可以将徽派建筑的院落布局、雕刻等传统元素与现代设计理念相结合。例如，设计师可以设计带有天井的宽敞客厅，模仿徽派建筑中的天井式庭院布局；运用砖雕、木雕等传统

装饰元素装点墙面和家具；在建筑外观上，使用马头墙和翘角飞檐，让现代别墅既具有徽派建筑的传统韵味，又符合人们的居住需求和审美观念（图7-17）。

图7-17　现代徽派别墅

3.现代商业综合体设计

在现代商业综合体设计中，设计师也可以巧妙地运用徽派建筑元素。例如，在商业街区设计中，设计师可以采用徽派建筑的青砖、白墙、马头墙等元素，使整个商业街区充满古朴、典雅的氛围。在商业综合体室内空间设计中，设计师可以运用徽派建筑的装饰（如砖雕、木雕等），打造与众不同的商业空间。这样的设计既能满足当代人的审美需求，又能展现出徽派建筑的魅力（图7-18）。

图 7-18　徽派商业街

（二）在徽派建筑中融入现代元素

建筑设计师可以在传统徽派建筑风格的基础上，在建筑中融入现代元素（如现代材料、绿色建筑理念等），使徽派建筑与现代技术相结合，实现传统建筑风格与现代元素的完美融合。

1.现代化徽派博物馆

在古徽派建筑基础上改建博物馆时，设计师可以在保留传统徽派建筑风格的基础上，运用现代元素（如钢结构、玻璃幕墙等）。例如，设计师可以改原有的木质小窗为大面积的玻璃幕墙，增加室内空间的采光，营造现代化氛围。此外，绿色建筑理念也可以被运用到徽派博物馆中。例如，设计师可利用太阳能光伏板为建筑提供能源，达到节能环保的目的。

2.现代徽派商业街区

在设计现代徽派商业街区时，设计师可以在保留徽派建筑特点的基础上，运用现代元素。例如，设计师可使用现代材料制作遮阳篷、户外座椅等，提高商业街区的舒适度。设计师也可采用绿色建筑理念，运用绿化屋顶、雨水收集系统等，实现对资源的高效利用。

3. 现代徽派住宅小区

在现代徽派住宅小区设计中，设计师可以充分利用现代元素，如运用钢结构、混凝土等，增强建筑的耐用性和抗震性（图7-19）。设计师还可以采用智能家居系统、节能家电等，提升住宅的舒适度和便捷性。此外，设计师可在住宅小区内设置绿色空间，如绿化带、公共花园等，提高居民的生活品质。

图7-19　现代黑色金属钢板压檐

4. 现代徽派文化艺术中心

在设计现代徽派文化艺术中心时，设计师可以在保留传统徽派建筑风格的基础上，运用现代材料和技术。例如，在徽派文化艺术中心室内设计中，设计师可以运用现代声学材料，提升音乐厅、戏剧院等表演场所的音响效果。设计师也可以采用节能照明系统、智能空调系统等，实现能源的高效利用。

（三）空间布局的创新

在现代建筑设计中，设计师可以在徽派建筑的基础上，进行空间布局的创新，充分考虑人们的生活方式、居住需求等因素，打造符合人们审美观念、具有实用性的徽派建筑。

1.改变传统封闭式布局

传统徽派建筑通常具有封闭式院落。现代建筑设计师可以改变这种封闭式布局，打造开放的空间。例如，设计师可将部分墙体替换为大面积玻璃窗，使建筑内部与外部景观相融合，提高建筑空间的采光率，使建筑空间更通透。

2.灵活调整空间比例

传统徽派建筑中的空间比例可能不适应当代人的生活需求。如今的建筑设计师可以根据人们的居住需求和生活方式，调整空间的比例，使其更加合理。例如，设计师可以将部分传统小房间合并为一个更宽敞的开放式客厅，满足当代人的社交需求。

3.合理利用垂直空间

在传统徽派建筑中，楼梯和过道通常较为狭窄。现代建筑设计师可以对垂直空间进行创新，利用宽敞的楼梯和明亮的过道，提高建筑的空间利用率和舒适度。此外，设计师还可在建筑中加入现代化的电梯设备，方便居住者上下楼。

4.将室内空间与室外空间相融合

现代建筑设计师可以在徽派建筑设计中创新室内空间与室外空间的布局，使它们相融合，为居住者提供舒适的生活环境。例如，设计师可以设计室外露台、阳光房等，让居住者能够在室内和室外自由活动、享受室内外一体化的生活。

5.引入现代生活设施

设计师还可在徽派建筑中引入现代生活设施。例如，设计师可将现

代厨房、卫浴设备、智能家居系统等引入建筑，使徽派建筑更加符合当代人的居住需求。

（四）灵活运用徽派建筑的装饰

在现代建筑设计中，设计师可以根据人们的审美观念，对徽派建筑中的砖雕、石雕、木雕等装饰进行创新性运用，将传统建筑元素与现代建筑相融合，为现代建筑增添独特的魅力。

1. 简化和抽象传统徽派建筑装饰元素

设计师在现代建筑中运用传统徽派建筑装饰元素时，可以尝试简化和抽象这些传统元素，使其更加符合人们的审美观念。例如，设计师可以提炼徽派建筑砖雕、石雕、木雕中的图案，去除其过于复杂的细节，保留其核心形态，让装饰元素更加简约、时尚。

2. 将传统装饰元素与现代设计语言相结合

设计师将传统徽派建筑的装饰元素与现代设计语言相结合，可以为现代建筑增添独特的魅力。例如，设计师可以在现代建筑的立面、门窗等部位运用徽派建筑砖雕、木雕等装饰元素，实现传统建筑元素与现代建筑的完美融合。

3. 运用新装饰材料和技法

在现代建筑设计中，设计师可以尝试运用新型材料和现代技法来呈现徽派建筑的装饰，使传统装饰元素焕发出新的生命力。例如，设计师可以利用现代雕刻技术和材料（如玻璃、金属、树脂等），制作具有徽派建筑特色的装饰品，为现代建筑空间带来独特的视觉效果。

4. 以功能为导向的装饰运用

设计师在现代建筑设计中运用徽派建筑装饰时，可以以功能为导向。例如，设计师可将徽派建筑木雕、砖雕等元素应用于室内隔断、门窗等部位，既实现了空间划分，提升了装饰效果，又传承了徽派建筑文化。

第四节 应用数字化技术实现徽派建筑再生

一、徽派建筑数字化测绘与建筑信息模型技术

数字化测绘是一种利用现代测量技术和地理信息技术对建筑物和环境进行准确描述的方法。在徽派建筑保护和再生中，数字化测绘可以高效地收集和记录建筑的尺寸、形态、结构和材料等信息。常用的数字化测绘方式包括激光扫描、摄影测量、无人机航拍等。

建筑信息模型（building information modeling, BIM）是一种基于数字技术的建筑设计、施工和管理方法。人们使用 BIM 软件，可以创建包含建筑物的所有信息的三维模型。

（一）在徽派建筑保护和再生中，BIM 技术的优势

1.高精度的三维建筑模型

人们可以将利用数字化测绘获取的数据输入 BIM 软件，创建高精度的三维建筑模型。这有助于人们在建筑保护和再生过程中更好地了解建筑物的形态和结构，同时为建筑设计、施工和管理提供便利。

2.模型中的信息管理

BIM 不仅包含建筑物的几何信息，还包含其材料、构件、设备等详细信息。这使得整个项目的所有参与者可以共享和协作处理这些信息，从而提高工作效率。

3.模拟和分析

人们可以利用 BIM 进行模拟和分析，预测和评估建筑物保护和再生过程中可能出现的问题。例如，人们利用结构分析、能耗分析等技术，可以预先了解徽派建筑修复后的性能和效果。

4.协同工作

BIM 技术有助于各专业人员在徽派建筑保护和再生项目中进行协同工作。专业人员通过共享和更新模型中的信息，可以减少沟通成本，增强工作的协调性，提高项目的透明度。

（二）BIM 技术在徽派建筑保护与再生中的应用

人们利用数字化测绘和 BIM 技术，可以在徽派建筑保护与再生项目中实现以下目标：

1.准确记录建筑物的原始状态，为保护和修复提供可靠依据

人们利用数字化测绘和 BIM 技术，可以为徽派建筑保护和再生项目提供全方位的支持和保障。具体来说，人们利用数字化测绘技术，可以准确记录徽派建筑的原始状态信息（包括尺寸、形态和结构等方面的信息），为后续保护和修复建筑提供可靠依据。人们可以将利用数字化测绘技术获取的建筑数据输入 BIM 软件中，建立建筑模型，更好地了解建筑物的结构和受损情况，以制订修复方案。

2.优化设计和施工方案，提高项目施工效率

人们利用 BIM 技术建立建筑模型，可以进行各种设计和施工方案的优化和评估。利用 BIM 技术，设计师和施工方可以进行协同工作，预先评估施工风险和工程进度，提高项目施工效率。

3.有利于维护建筑物

在建筑物的使用和维护阶段，人们利用 BIM 技术，可以对建筑物信息进行实时更新和管理，为日后的建筑维修和保护工作提供便利。人们利用 BIM，可以记录建筑物的使用情况和维护情况，如记录设备维修信息、建筑物的改建历史信息等。这些信息可以帮助建筑物的维护人员更好地了解建筑物的状况，及时对建筑物进行维护和保养。

4.利用 BIM 技术对徽派建筑进行评估

人们利用 BIM 技术，可以对建筑进行能源分析、环境评估等，从而在保护建筑过程中充分考虑各种因素。例如，人们利用 BIM 技术，可以对建筑物的能耗、温度、湿度等进行分析和评估，优化建筑物的能源和环保性能。

5.利用 BIM 实现徽派建筑的虚拟展示

BIM 可以实现徽派建筑的虚拟展示，增强文化传播的效果。通过 BIM 虚拟展示，公众可以近距离欣赏徽派建筑，了解徽派建筑的独特风格和装饰艺术，了解徽派建筑的历史和文化内涵，这有利于增强公众对徽派建筑的保护意识。

二、徽派建筑数字化展示与传播

随着信息技术的发展，徽派建筑的数字化展示与传播在近年来越来越受到重视。通过多种数字媒体和平台，徽派建筑的文化内涵、艺术价值和历史背景信息得以更广泛地向公众传递。以下是徽派建筑数字化展示与传播的主要形式：

（一）数字图书馆和资源库

数字图书馆和资源库收集和整理图像、文本、视频、音频等多种形式的徽派建筑资料，为公众提供便于在线获取信息的平台，便于公众随时随地了解徽派建筑的相关信息，提高公众对徽派建筑的认知度，增强其对徽派建筑的保护意识。

数字图书馆和资源库中的图像和视频可以让公众近距离欣赏徽派建筑。数字图书馆和资源库中的文本和音频资料可以使公众深入了解徽派建筑文化，了解相关的建筑学知识、历史知识等。数字图书馆和资源库还可以为专家、学者进行徽派建筑研究和学术交流提供支持。

通过数字图书馆和资源库，徽派建筑文化可以得到更广泛的传播。数字资源库中的内容可以用于各种文化活动、展览和推广活动，加深公众对徽派建筑文化的了解。数字资源库的建立也可以促进徽派建筑文化的发展，为徽派建筑文化保护和传承提供支持。

（二）虚拟展览

通过虚拟展览，公众可以在电脑或移动设备上观看徽派建筑的高清影像，阅读其详细介绍。与实地参观相比，虚拟展览具有空间和时间上的优势，能够吸引更多的人关注徽派建筑。

1. 虚拟现实与增强现实

运用虚拟现实（virtual reality, VR）技术和增强现实（augmented reality, AR）技术，可以让公众在虚拟环境中如身临其境地欣赏徽派建筑。这种沉浸式体验可以让公众更加深入地了解徽派建筑的特色和魅力。

2. 在线教育与培训

可通过网络课程、在线讲座等，向公众普及徽派建筑知识。这种在线教育与培训具有较强的普及性和针对性，可以帮助更多人了解和传承徽派建筑文化。

3. 社交媒体与网络平台

利用社交媒体和网络平台，定期发布徽派建筑的相关资讯和研究成果等。这可以使更多的人关注徽派建筑，使他们组成关心徽派建筑的网络社群。

三、其他数字化技术在徽派建筑再生中的应用

随着科技的发展，新兴数字化技术在徽派建筑再生中的应用受到关注。数字化技术不仅可以提升徽派建筑保护与修复的效果，还可以为徽派建筑的传承与发展开拓新的途径。下面介绍几种数字化技术在徽派建筑再

生中的应用：

（一）3D 打印技术

3D 打印技术是一种快速而精确的制造技术，是通过读取数字模型数据，逐层堆叠材料，制造出复杂的三维结构的技术。在徽派建筑保护与再生中，3D 打印技术可以用于制作破损或丢失的建筑构件，如砖雕、石雕、木雕构件等。人们利用 3D 打印技术，可以快速且精确地制造出符合要求的建筑构件。3D 打印技术被广泛应用于徽派建筑保护与再生领域。

除了用于制造破损或丢失的建筑构件，3D 打印技术还可以应用于徽派建筑研究与展示中。人们利用 3D 打印技术，可以制造出徽派建筑的三维模型，实现对徽派建筑的形态和结构的准确再现。这样，公众可以近距离了解徽派建筑的特点，加深对徽派建筑的认识。

（二）数字双胞胎技术

数字双胞胎技术是将现实世界的物理实体与虚拟世界的数字模型相结合的技术，能够实时监测和分析建筑物的状态和性能。在徽派建筑保护和再生中，数字双胞胎技术可以被应用于对建筑物的实时监测和评估中，为建筑物保护和修复工作提供数据支持。

人们利用数字双胞胎技术，可以对徽派建筑进行实时监测。该技术通过传感器和数据采集设备，采集建筑物的数据（如结构变形、温度、湿度等信息），将数据传输到数字模型中进行分析和模拟，从而得出建筑物的实时状态。这些数据可以为专家提供精确的建筑状态信息，为建筑保护和修复工作提供科学依据。

数字双胞胎技术还可以用于建筑物维护和管理，增强徽派建筑的可持续性。数字双胞胎技术可以为建筑物维护和管理提供数据支持。例如，人

们利用数字双胞胎技术，可以实时监测建筑物的能耗和环境状况，及时发现和解决问题，增强建筑物的能效性和环境友好性。数字双胞胎技术还可以对建筑物的使用情况进行模拟和优化，从而提高建筑物的使用效率和舒适度，为用户提供更好的使用体验。

（三）人工智能与机器学习技术

人工智能（artificial intelligence, AI）和机器学习技术在徽派建筑保护和再生中具有重要的作用。这些先进技术可以应用于徽派建筑结构分析、风险评估和修复方案优化等领域，从而提高建筑保护和修复工作的精度和效率。

在徽派建筑结构分析中，人们利用人工智能和机器学习技术，可以对建筑物的运行数据进行分析和模拟，对建筑物的结构状况进行评估。人工智能和机器学习可以提高建筑物结构状态信息的准确度，为人们制订建筑修复方案提供数据依据。

在徽派建筑风险评估中，人们利用人工智能和机器学习技术，可以分析历史数据，识别潜在的问题和风险，预测和避免未来的问题。人工智能和机器学习技术可以大大提高人们对徽派建筑的风险管理能力，为建筑保护和修复工作提供支持。

在徽派建筑修复方案优化方面，人们利用人工智能和机器学习技术，可以进行数据分析、模拟和修复方案优化。人工智能和机器学习可以为人们提供多种可行的建筑修复方案，并为方案实施提供指导和支持；可以提高建筑修复方案的精确度，减少修复成本和时间。

另外，人工智能和机器学习技术还有助于人们挖掘徽派建筑的潜在价值，为徽派建筑保护与再生提供更多可能。人们利用人工智能和机器学习技术，可以对徽派建筑的历史、文化背景等进行深入分析，挖掘徽派建筑

的文化价值，更好地保护和传承徽派建筑。

（四）虚拟现实与增强现实技术

将徽派建筑形象和知识融入虚拟现实游戏和应用中，可以吸引更多年轻人关注和了解徽派建筑文化。这能让年轻人在娱乐中获得徽派建筑知识，激发他们对徽派建筑的兴趣，增强他们对徽派建筑的保护意识。

在虚拟现实游戏方面，游戏开发者可以利用数字技术创造出具有徽派建筑特色的虚拟世界，让玩家可以在游戏中感受徽派建筑的魅力。游戏开发者可以在游戏中设置各种有趣的任务和挑战，让玩家在游戏中了解徽派建筑的历史、文化、建筑学知识等。这种游戏不仅可以吸引很多年轻人了解徽派建筑文化，还可以增强他们对徽派建筑的保护意识，让他们了解并爱上徽派建筑文化。

在应用方面，应用开发者可以利用增强现实技术开发徽派建筑导览应用。这种应用可以帮助游客在现场参观时获得丰富的信息和趣味性体验。游客只需用手机或平板电脑扫描建筑物周围的二维码，就可以在应用中获得有关建筑物的详细信息。应用程序可以通过增强现实技术将虚拟信息叠加到现实世界中，让游客在参观建筑物时，全面了解建筑物，加深他们对建筑的认识。

（五）大数据技术

人们利用大数据技术，可以对徽派建筑的历史、文化、社会价值等多方面信息进行分析，更好地进行徽派建筑的保护和再生。人们可利用大数据技术收集和整理大量的历史文献、影像资料、建筑数据等信息，可以在大数据平台上建立徽派建筑的数字化档案，实现对徽派建筑信息的全面记录。

人们利用大数据技术，可以对徽派建筑进行全面、深入的研究。人们利用大数据技术，可以分析徽派建筑历史信息，了解徽派建筑的演变和发展趋势，深入挖掘徽派建筑的文化价值、历史价值和社会价值；还可以分析徽派建筑的结构、材料性能、装饰等方面的信息，从而更好地进行徽派建筑修复与再生。

在徽派建筑修复与再生工作中，人们利用大数据技术全面分析徽派建筑信息，可以更好地进行决策。人们利用大数据技术可以对不同修复策略的效果进行预测和模拟，选择最优方案；还可以对建筑修复工作进行监督和管理，确保修复工程的质量和效果。

（六）物联网技术

物联网技术在徽派建筑保护和再生中的应用，可以提高建筑的智能化水平。在徽派建筑中安装各种传感器和设备，可以实现对建筑物的实时监测和远程控制，有效预防或减少自然环境变化、人为破坏等导致的损害。例如，在徽派建筑中安装环境监测传感器，可以实时监测徽派建筑的温度、湿度、气压等，提前发现并处理风险隐患。

物联网技术还可以提升游客参观体验，提高旅游业的发展水平。例如，在徽派建筑中安装定位传感器，可以使游客利用移动设备获取建筑内部和周边的导览信息。利用虚拟现实技术和增强现实技术，可以使游客在浏览导览信息过程中了解徽派建筑的历史、文化和特点，丰富游客的参观体验。

物联网技术还可以提高徽派建筑的能源利用效率和安全性。在徽派建筑中安装智能电表、智能照明系统等，可以对建筑的能源消耗进行监测和管理，提高建筑能源使用效率。在徽派建筑中安装安防设备和视频监控系统，可以增强徽派建筑的安全性，减少被盗、被破坏等事件的发生。

第八章 徽派建筑的再生价值

第一节 传承优秀徽派建筑文化

徽派建筑起源于南宋时期，繁荣于明清时期，传承至今。徽派建筑现在主要分布在安徽省及其周边地区。徽派建筑在南宋时期逐渐兴起，受到中原建筑的影响。明清时期，随着徽商的崛起，徽派建筑得到了快速发展。徽商荣归故里，兴办家业，兴建了大量宏伟、壮观的徽派建筑，这些徽派建筑成为明清时期中国南方建筑的代表。徽派建筑兼具实用性和审美价值，能够充分反映徽州独特的地理环境、气候和社会文化。

一、传承徽派建筑文化的意义

传承徽派建筑文化具有重要的意义，对民族文化认同、突出地域文化特色以及社会和经济发展具有深远的意义。

传承徽派建筑文化有助于加强民族文化认同。徽派建筑是中华优秀传统文化的重要组成部分，体现了民族智慧。传承徽派建筑文化，有助于增强民族自豪感和文化自信。

徽派建筑是徽州特色鲜明的文化符号，具有地域性。传承徽派建筑

文化有助于凸显地域文化特色，推动地域文化繁荣。

徽派建筑凝聚了古徽州人的智慧与劳动成果，承载了丰富的历史信息。传承徽派建筑文化，可以使后人更好地了解当地历史。

传承徽派建筑文化对社会和经济发展具有推动作用。一方面，徽派建筑旅游资源的开发可以促进旅游业的发展，创造就业机会，带动地区经济繁荣；另一方面，徽派建筑作为非物质文化遗产载体，可以推动文化产业的发展，增加经济收益。

徽派建筑蕴含丰富的人文精神，如家族传统、尊师重教、节俭持家等。弘扬徽派建筑文化，有助于传承优秀的人文精神，促进社会和谐。

二、徽派建筑建造工艺的传承

徽派建筑布局严谨，讲究对称，一般采用前后院式布局，前院为客厅、议事厅等公共空间，后院为卧室、书房等私密空间。

徽派建筑以木结构为主，以砖石为辅。木结构的精巧、复杂的榫卯技艺使建筑结构稳固，这是中国古人智慧的结晶，值得代代相传。

徽派建筑具有白墙、黑瓦的特色，像中国水墨画一样古朴、典雅、有韵味，这符合中国传统审美观念。

徽派建筑讲究雕梁画栋，体现了工匠高超的雕刻工艺。徽派建筑的木雕、砖雕、石雕具有很高的艺术价值。精美的花鸟、山水、人物等图案装饰在门楣、窗棂、梁柱等部位，彰显了建筑的华美和精致。这种精雕细琢的手工艺令世界震惊，应得到传承和发扬。

徽派建筑屋顶独特，多为硬山顶、悬山顶等，边缘设有马头墙，马头墙既起到防火作用，又具有装饰作用。这种屋顶兼具实用性和美感，值得传承。

三、家族文化的传承

徽派建筑中的祠堂、宅第等不仅具有很高的艺术价值，作为家族活动的场所，也承载着世代传承的家规家训、家族精神和族谱等。

在祠堂这样的家族活动场所中，家族成员共同举行各种仪式活动，如祭祖、庆生、纳新娘等。这些仪式活动有助于强化家族成员的凝聚力、敬仰和尊重祖先的传统观念。

徽派建筑中的宅第也是家族文化传承的重要载体。宅第的空间布局、装饰均体现了家风和家教，为后代提供了传承家族传统的良好环境。在宅第中，家族成员可以感受家族历史的厚重，传承家族文化。

四、生活方式和民俗的传承

人们的日常生活、节庆活动、民间信仰等都在徽派建筑中得到展现和传承。徽派建筑承载了地域文化。

首先，徽派建筑的宅院布局满足了家庭成员的生活需求。徽派建筑的庭院式布局使得家庭成员在自家的庭院中就能进行日常活动和交流，强化了家庭凝聚力。此外，徽派建筑中的天井、马头墙等既起到了采光、通风和遮风挡雨的作用，又赋予了建筑独特的美学韵味，为人们提供了舒适的生活环境。

其次，在春节、端午、中秋等传统节日，人们在自家的徽派建筑内举行丰富的庆祝活动，如贴春联、挂灯笼、赏花灯、包粽子等，弘扬民间传统文化。这些活动在徽派建筑的空间里得以完美呈现，营造了浓厚的节日氛围（图8-1）。

图 8-1　节庆活动鱼灯过河

最后，徽派建筑具有各种寓意吉祥的民间装饰元素。例如，门楣上的福字、窗棂的花鸟图案、屋檐的瑞兽等寄托了人们对美好生活的期盼和对家族幸福安康的祝愿。这种民间信仰在徽派建筑中得以传承，成为民族文化的重要组成部分。

五、保护与传承徽派建筑文化的策略

近年来，政府对徽派建筑的保护与传承给予了越来越多的关注，实施了一系列政策，增加了资金投入，支持古建筑保护、修复和利用。徽派建筑的部分核心区已被列入世界文化遗产名录，得到了很好的保护。一些重要的徽派建筑被列为国家级、省级文物保护单位。建立了一批徽派建筑技艺传习基地，培养了新一代的建筑工匠。旅游业的发展使徽派建筑的价值得到了进一步体现。著名的徽派建筑景点吸引了众多游客，将徽派建筑文化传播至全球。下面是进一步保护和传承徽派建筑文化的策略。

（一）强化政策保障

政府应继续加大对徽派建筑保护与传承的支持力度，完善相关法规

和政策，确保文化遗产得到有效保护。

（二）平衡发展与保护

在城市规划和发展中，注重保护和利用徽派建筑，尽量减少对古建筑的破坏。在旅游开发过程中，遵循尊重、保护原则，防止过度商业化。

（三）技艺传承与培训

加强对徽派建筑技艺传承的支持，鼓励传统技艺与现代教育相结合，培养新一代的建筑工匠。设立专门的徽派建筑工艺学院，吸引更多年轻人参与徽派建筑的技艺传承。

（四）增加资金投入

增加对徽派建筑保护和修缮的资金投入。政府、企业、社会等多方合作，筹集足够的资金。

（五）文化传播与教育

通过举办展览、讲座、论坛等，加强徽派建筑文化的传播和教育，提高社会各界对徽派建筑文化保护和传承的重视程度。

（六）国际交流与合作

借鉴国际经验，加强与国际组织和其他国家在徽派建筑保护方面的交流与合作。推动徽派建筑文化在全球范围内的传播。

（七）创新与发展

在传承传统徽派建筑的基础上，积极探索徽派建筑在现代建筑设计、

文化旅游、非物质文化遗产等领域的应用和创新，实现传统与现代的有机融合，为徽派建筑的可持续发展注入活力。

1. 现代建筑设计领域

在现代建筑设计中，越来越多的建筑设计师将徽派建筑元素与现代设计理念相结合，创造出具有地域特色和时代气息的新型建筑。这种建筑在保留传统韵味的同时，加入了现代建筑功能，符合如今人们的审美观念，具有新的生命力。例如，安徽黄山市的一些新建酒店和商业设施充分融入了徽派建筑的经典元素，如白墙、黑瓦、马头墙、木雕窗棂等。同时，建筑师运用现代建筑技术和材料，如玻璃幕墙、钢结构等，使这些建筑既具有传统徽派建筑的韵味，又展现了现代建筑的简约与优雅。

在室内设计方面，现代徽派建筑同样具有创新性和个性。在室内空间布局方面，设计师充分考虑了当代人的生活需求和生活习惯，打造出舒适而实用的生活空间。在室内装饰方面，设计师巧妙地将徽派建筑装饰元素和当代人的审美观念相结合，既展现了传统徽派建筑文化的魅力，又使室内装饰符合当代人的审美需求。

在绿色建筑方面，设计师秉持可持续发展的建筑理念，注重资源节约和环境友好。在一些现代徽派建筑设计中，设计师借鉴了古徽派建筑的环保理念，如自然采光、通风、节能等。这种传统与现代结合的现代徽派建筑，不仅保留了徽派建筑的传统韵味，还体现了现代环保理念。第一，现代徽派建筑设计师借鉴了传统徽派建筑的天井、庭院等设计，使建筑内部能充分利用自然光线，降低建筑对人工照明的依赖度，从而减少能源消耗。同时，自然光线进入室内，也有助于营造舒适、宜人的生活环境。第二，现代徽派建筑设计师采用了古徽派建筑的通风策略，例如，设置对流通道和开窗，使室内空气流通，提高室内舒适度。此外，设计师还巧妙地运用马头墙等传统徽派建筑元素，有效地提高建筑的防火、防风性能。第三，现代徽派建筑设计师在保持传统徽派建筑特色的

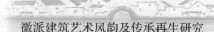

同时，引入了先进的节能技术和材料。例如，设计师运用节能玻璃、保温材料等，提高建筑的保温性能，降低能耗；利用太阳能、地热能等可再生能源为建筑供能，降低建筑对化石能源的依赖度。在水资源利用方面，现代徽派建筑也充分体现了绿色建筑理念。建筑设计师运用雨水收集、再利用技术，减少对地下水资源的开发，同时，利用绿化屋顶、生态庭院等，增强建筑对雨水的吸收和滞留能力，降低城市内涝风险。

现代徽派建筑的出现不仅丰富了当地建筑风格，还提升了城市的文化品质。同时，这种结合传统与现代的建筑设计，为建筑师在保护和传承传统徽派建筑文化的基础上进行创新，提供了新的视角和路径。如今，徽派建筑焕发出新的生命力，继续在社会中发挥其实用功能和文化价值。

2. 文化旅游领域

徽派建筑作为中国传统建筑的代表之一，具有很高的历史文化价值和艺术价值。近年来，很多徽派建筑景点经过修缮和改造，成为集旅游、休闲、文化体验为一体的综合性景区。这些景区不仅展示了徽派建筑的魅力，还为游客提供了深入体验地方文化的机会。宏村、西递村等古村落便是这样的旅游景区。这些村落以其完整的徽派建筑群和浓厚的文化氛围吸引了大量游客。游客可以在这些村落中领略到徽派建筑的优美线条、独特构造和精美雕刻，了解徽派民居的布局、院落设计等。此外，这些古村落还保留了丰富的民间传统习俗，如节庆活动、饮食习惯等，让游客在游览建筑的同时能了解徽州的历史和文化。通过发展徽州文化旅游，这些古村落为游客提供了独特的文化体验。游客可以在漫步古巷、游览古宅、品尝当地美食过程中，深入了解徽派建筑和徽州文化。这种旅游方式不仅有助于提高徽派建筑的知名度和影响力，还对当地经济发展起到了推动作用。

3. 非物质文化遗产领域

徽派建筑本身具有丰富的文化内涵，也为地方非物质文化遗产传承

提供了空间支持。徽派建筑的各种空间场所，如庙宇、祠堂、戏台等，为曲艺、地方戏剧、民间歌舞等非物质文化遗产的传承与发展提供了有利条件。一些徽派建筑遗址成为当地曲艺、地方戏剧等非物质文化遗产的表演场所。这些曲艺、地方戏剧表演往往能吸引众多民间艺人和游客参与，使得徽派建筑焕发出勃勃生机。民间艺人在徽派建筑内进行传统曲艺或戏剧表演，展现了地方文化的独特魅力，也为游客提供了深入了解当地文化的机会。这种表演活动赋予了徽派建筑新的生命力。此外，徽派建筑本身的工艺，如砖雕、石雕、木雕工艺，也被列为非物质文化遗产。这些传统工艺在民间传承中得以发扬光大，拥有一代又一代的传承人。传统工艺传承人在修缮徽派建筑的过程中，既保留了古建筑的原貌，又将新的建筑设计理念和技艺融入其中，使徽派建筑焕发出新的生命力。

4. 文创产业领域

文创产业不仅丰富了传统文化的表现形式，也为徽派建筑文化的传播提供了新的途径。例如，利用徽派建筑元素，开发一系列文化创意产品，如手工艺品、装饰画等。这些产品融入了徽派建筑元素和文化内涵，赋予了传统徽派建筑文化新的生命力和价值。

徽派建筑中常见的砖雕、木雕和石雕等元素可以应用到各类家居饰品、工艺礼品设计中。现代化的产品设计和制作工艺能让传统的徽派建筑元素焕发出新的艺术魅力。此外，徽派建筑的白墙、黑瓦、马头墙等元素可以运用到现代家居用品和时尚配饰设计中，使传统文化与现代生活完美融合。人们还可以将徽派建筑中的经典元素融入旅游纪念品设计中，使游客能够带走独特的文化印记。例如，可以在徽墨、徽茶等产品的包装中使用徽派建筑元素，使徽墨、徽茶等产品成为展示徽派建筑特色的独特旅游纪念品。人们还可以以徽派建筑为主题创作装饰画作品，将古建筑形象与当代审美相结合。人们可以通过国画、油画等多种艺术

形式，将徽派建筑的风貌呈现出来，将其置于室内空间或公共空间，为室内和公共空间增添文化气息。

第二节 再现徽派建筑独特艺术风韵

一、徽派建筑独特的艺术风韵

（一）色彩

徽派建筑的粉墙黛瓦体现了道家"素"与"玄"的美学思想。青瓦与白墙相映成趣，犹如水墨画。地面青砖与浅灰石头的浅灰色调，使建筑同周边景观相得益彰。随着时光的流逝，青苔爬满墙基，与周围景色交织在一起，具有返璞归真的田园韵味。在室内陈设与装饰方面，木雕以木材本身的色彩为基调，金粉的点缀使其在整体素朴的基础上更显精致。

（二）意境

徽派建筑的意境美源于徽州人对自然环境的热爱和他们的审美观念。徽州人生活于山清水秀的自然环境中，这种自然环境直接影响了徽州人的审美观念。从建筑选址和布局来看，徽派建筑与周围环境相融合，兼具自然景观和人文景观之美。从色彩来看，徽派建筑白色的外墙、青瓦和蓝天、山脉相映照，构成一幅美丽的画卷。徽派建筑中的"三雕"大多以花卉、动物、人物等为题材，内涵丰富。

（三）装饰

徽派建筑以外观素雅和内部装潢精致、华美为总体特点，具有丰富

的文化内涵和很高的艺术价值。徽派建筑的装饰往往以传统吉祥图案为主，如如意纹、万字纹、回纹等，体现了徽州人对美好生活的向往。同时，徽派建筑的"三雕"、绘画装饰体现了徽州人精湛的技艺和较高的审美水准。

在装饰元素的布局和组合上，徽派建筑装饰讲究对称、平衡和节奏感，与建筑结构相得益彰，具有和谐美。这些精致、华美的装饰不仅具有艺术价值，也承载了徽州的传统文化和历史，反映了徽州人对宗族、祖先、自然和社会的尊重和敬畏，体现了徽州文化的精神内涵。

（四）造型

徽派建筑以其独特的造型和精美的装饰成为中国传统建筑的代表之一。黛瓦、粉墙、马头墙等元素在徽派建筑中被运用得恰到好处。这样的建筑与自然山水融合在一起，具有古朴、雅致的美感。高宅、天井、大厅、景观等的巧妙运用，使得建筑物内外空间相互映衬、相得益彰，增强了建筑物的美感和生命力。在徽派建筑的内部，抬梁式和穿斗式房梁结构被广泛应用。梁架硕大，且有精美的雕刻装饰，使得整个建筑充满了美感。这些雕刻装饰题材多样，如神话、传说、动物、植物等题材，蕴含着丰富的人文内涵，是徽派建筑文化的重要组成部分。

二、在当代社会中再现徽派建筑艺术风韵的方式

（一）对古徽派建筑进行修复和保护，还原其历史风貌

徽派建筑作为中国古代建筑的一个重要流派，在当代社会中仍具有很高的历史文化价值。随着经济的发展和城市化的推进，传统徽派建筑的修复和保护迫在眉睫。修复和保护传统徽派建筑，使其历史风貌得以延续，不仅有利于保护文化遗产，还可以为当代社会提供丰富的文化

资源。

修复徽派建筑的关键在于保持其原始风格和结构，确保建筑完整。建筑修复工程应以传统工艺为基础，采用当地传统建筑材料，并借鉴古代建筑师的经验。在此基础上，可以适当地运用现代技术，增强建筑的安全性和耐久性，使建筑能够适应人们的生活需要。

政府可以制定相关政策，资助传统徽派建筑修复工程，并在土地规划和建筑审批方面给予支持。此外，民间力量在保护传统建筑方面也发挥着不可忽视的作用。企业和个人可以通过捐赠、志愿服务等形式参与建筑修复工程，共同推动徽派建筑的修复和保护。

（二）在新建建筑中融入传统徽派建筑元素

在新建建筑中融入传统徽派建筑元素，是一种传承传统徽派建筑风格的有效方式。将传统徽派建筑元素融入新建建筑，可以使徽派建筑在当代社会中焕发出新的生命力。

1. 运用传统徽派建筑的特色元素

徽派建筑的马头墙、砖雕、木雕、石雕等都独具特色。在新建建筑中，可以融入这些具有代表性的元素。这不仅能够让新建建筑具有地域特色，还能提高建筑的审美价值和文化品位。

2. 运用现代建筑材料和技术

新建建筑既要融入传统徽派建筑元素，又要适应当代社会需求。在建筑设计中，设计师可以将传统徽派建筑元素与现代建筑材料和技术相结合，使建筑具有满足当代人需求的功能，增强建筑的舒适性和节能性。例如，设计师可以将玻璃幕墙与徽派建筑的马头墙相结合，打造既具有传统徽派建筑特色又具有现代气息的建筑。

3. 优化建筑空间布局，使建筑和环境融合

徽派建筑注重空间布局，讲究与环境融合。在新建筑设计中，设计

师可以借鉴徽派建筑的这一理念，优化建筑的空间布局，营造和谐的人居环境。此外，设计师还可以利用现代景观设计手法，将建筑与周围环境相融合。

（三）传播徽派建筑文化

1.利用媒介传播徽派建筑文化

利用各种媒介和平台，积极宣传徽派建筑。例如，利用电影、电视、网络等渠道，拍摄关于徽派建筑的纪录片、影视剧等，让更多的人了解徽派建筑。

2.教育培训与研究

加强对徽派建筑的教育培训和研究，培养更多的专业人才和爱好者。在学校和社区开设徽派建筑课程，举办以徽派建筑为主题的系列讲座，使年青一代了解徽派建筑、传承徽派建筑文化。同时，支持专业研究机构对徽派建筑进行深入研究，比如，研究其具有独特魅力的原因，研究徽派建筑文化传播路径。

3.旅游与文化体验

将徽派建筑融入旅游产业中，吸引游客参观。在徽派建筑所在地区，开展旅游活动，让游客感受徽派建筑的魅力。此外，还可以使徽派建筑与当地民俗相融合，打造独具特色的旅游产品，传播徽派建筑文化。

4.艺术创新与跨界合作

艺术家和设计师可以从徽派建筑中汲取灵感，创作新的作品。艺术家可以和徽派建筑师进行跨界合作，探索徽派建筑在当代艺术领域的新表现和新价值。例如，艺术家在绘画、雕塑、摄影等艺术中，引入徽派建筑元素，创作出具有传统韵味和现代气息的作品。这有助于传播徽派建筑文化，扩大其在当代艺术领域的影响力。

5.文化产业与创意设计

将徽派建筑元素引入文化产业和创意设计领域，提高徽派建筑的商业价值。在产品设计、室内设计、包装设计等方面，设计师可利用徽派建筑的特色元素，打造出具有徽州文化特色的作品。这些作品既可以作为艺术品被欣赏，也可以实现市场化销售，推动徽派建筑文化的传承与传播。

三、再现徽派建筑独特艺术风韵的实践——以现代徽派民宿为例

（一）建筑色彩的传承与创新

现代徽派民宿在传承传统徽派建筑色彩的同时，也加入了现代元素，对建筑色彩进行了创新，更符合当代人的审美观念。

1.将徽派建筑的黑、白、灰与其他色彩相结合

传统徽派建筑以黑、白、灰为色彩基调，具有简约、庄重的特点。现代徽派民宿设计师在传承这种传统的黑、白、灰基调的基础上，将黑、白、灰与其他色彩相结合。例如，在现代徽派民宿设计中，设计师可将黑、白、灰与原木色、玫瑰金色等色彩相结合，使建筑的色彩更丰富。深浅不一、冷暖相间的色彩可以增强建筑空间的视觉冲击力，使其更具个性和艺术感。在民宿接待区，黑、白、灰搭配原木色与玫瑰金色等色彩，可以营造出温馨、舒适的氛围；在客房，这种色彩搭配可以营造出简约、优雅、宁静的环境，让人感受到恬静之美。黑、白、灰色在现代徽派民宿中的应用，既体现了传统徽派建筑特点，又体现了如今人们的审美观念。黑、白、灰与其他色彩搭配，在民宿空间中形成一种传统与现代的对话，使民宿既具有徽派建筑的古朴气息，又有现代建筑的魅力（图8-2）。

图 8-2 以黑、白、灰为色彩基调的徽派民宿

2. 以红色为辅助色

在现代徽派民宿设计中，红色作为辅助色被巧妙地运用在部分区域，为建筑空间注入活力。中国人认为，红色是喜庆的色彩。红色在徽派民宿中起到了活跃氛围的作用。红色给人以温暖、激情、有活力的感觉。设计师将红色运用到现代徽派民宿中，既凸显出民族文化底蕴，又赋予建筑空间现代感和时尚感。例如，在客房设计中，设计师可以采用红色灯笼作为主背景吊灯。这种独特的吊灯可以为客房增添一抹亮眼的色彩，使整个客房空间更具个性和魅力，如图 8-3 所示。

图 8-3　灯笼吊饰

3.原木色与石材本色相结合

在现代徽派民宿的休闲区，原木色与石材本色的巧妙结合使空间既具有传统韵味，又贴近自然。这种设计不仅展现了徽派建筑的传统特色，也使空间呈现出质朴、自然的氛围。原木色的温暖感与石材的冷峻质感在空间中形成鲜明对比，使空间更具层次感和丰富性，吸引游客的目光。

4.色彩对比

在现代徽派民宿的设计中，设计师常常运用色彩对比强化空间的层次感。通过精心挑选和搭配色彩，设计师为游客营造了既具有传统韵味又充满现代气息的居住环境。例如，在某间客房中，设计师选用灰色作为基础色，选用褐色的木饰面搭配灰色，营造出一种稳重、低调的氛围。同时，软装家具的红、蓝配色形成了鲜明的对比，为整个客房空间增添了活力和时尚感。这种色彩搭配既凸显了空间的现代性，又有传统徽派建筑的韵味。在另一间客房中，设计师以白色肌理涂料的颜色为色彩基调，用木质饰面的棕色与涂料色搭配，营造出一种明朗、活泼的氛围。这种白色与棕色的组合在空间中产生了高对比度的视觉效果，给游客带

来愉悦的视觉体验，也体现了现代徽派民宿的时尚和新颖。

现代徽派民宿设计师运用色彩对比，强调了色彩在空间中的重要作用。恰当的色彩搭配不仅能给游客带来良好的居住体验，还能为徽派民宿增添活力。

（二）建筑空间设计的传承与创新

1.运用传统徽派建筑元素

传承徽派建筑有马头墙和天井，还有木柱、穿斗、圆木梁等构件。现代徽派民宿设计师可将这些元素运用到民宿空间设计中，使民宿空间不仅有现代感，也有传统徽派建筑风韵（图8-4）。

图8-4 徽派民宿

马头墙是传统徽派建筑的重要元素之一，用于分隔院落和居室，可以增强建筑的美感。天井也是徽派建筑的重要元素，用于引入自然光线和空气，也是家庭生活的中心场所。木柱和圆木梁是徽派建筑的承重结构，为建筑提供稳定的支撑力，并有精美的雕刻，展现出徽派建筑的艺术美。穿斗是徽派建筑的一种特殊的构造形式，用于增强建筑的稳定性

和牢固性。现代徽派民宿设计师在民宿中巧妙运用这些传统徽派建筑元素，能使民宿具有传统徽派建筑的韵味，体现徽派建筑的魅力和独特之处，给人们带来独特的视觉体验和文化体验。

在室内装饰方面，传统徽派建筑中的每一件装饰都有其寓意，比如，螭吻是龙的第九个儿子，外形酷似鱼，水性好，不怕火，故常用于房梁上，寓意消灾灭火。这些装饰无不造型精美、做工精细，体现了徽州人对美好生活的期望和追求。现代徽派民宿设计师在室内装饰方面运用传统徽派建筑的装饰元素，如螭吻、砖雕等，使民宿的室内装饰具有徽派建筑的传统风格。在运用传统徽派建筑装饰元素的基础上，现代徽派民宿设计师还运用现代设计理念进行创新，如在承重柱上装饰现代图案。这些创新增强了民宿室内空间的现代感。

2. 运用现代空间设计手法和现代技术

现代徽派民宿设计师在民宿中既运用传统徽派建筑元素，又运用现代设计手法和现代技术进行创新。在造型方面，设计师对传统徽派建筑元素造型进行创新，以增强建筑的流畅感和美感。例如，设计师可以将传统的圆木梁和木柱设计为流线型的造型，或将传统的穿斗和马头墙设计成几何化的图案或立体造型，以突出建筑的现代感和艺术特点。在建筑技术方面，现代徽派民宿设计师可运用 3D 打印和数字化加工等技术，给徽派建筑带来更多的创新可能。

在现代徽派民宿设计中，设计师将传统徽派建筑元素与现代设计手法、现代技术相结合，创造出了全新的建筑语言。这种设计既突出了传统徽派建筑的魅力和价值，又增强了建筑的时代感和艺术感，能给游客带来视觉享受和居住享受。

3. 创新建筑空间布局

现代徽派民宿在空间布局上更易创新，改变了传统徽派建筑空间布局的单调和严谨。传统徽派建筑的空间布局往往注重分隔和分层，区分

不同的功能和使用场景。而现代徽派民宿设计师更注重建筑空间的整体性和开放性的设计，通过选址和空间布局的创新，使建筑空间更加通透和舒适。在选址方面，现代徽派民宿设计师通常会选择山水之间、河畔、湖畔等自然风景优美的地方作为民宿地址，使民宿坐落于自然环境中。在空间布局方面，现代徽派民宿设计师通常会采用中心对称或块面分割的方式，营造出有序、协调的空间。此外，现代徽派民宿设计师也运用了现代空间设计理念，将建筑空间划分为不同的区域，同时通过透明的玻璃墙、开放式的布局和自然采光等，增强空间的开放性和通透感。现代徽派民宿设计师在设计过程中充分考虑了人们的生活习惯和需求，设置足够的储物空间，为游客提供休闲设施，等等。总之，现代徽派民宿的空间布局更符合如今人们的需求，为人们提供了舒适、开放的居住环境。现代徽派民宿成为重要的旅游资源。

4. 充分利用光影

现代徽派民宿设计师注重利用光线和阴影，增强空间的视觉效果和通透感。例如，在建筑空间设计中，设计师会特别关注建筑的采光和通风，利用透明的玻璃墙、天窗等，将室外的光线充分引入室内，让空间更加明亮和通透。此外，设计师利用光影的变化还可以强调建筑的结构和细节，让空间更加有趣和富有变化。

5. 新旧建筑材料相结合

现代徽派民宿设计师在空间设计中注重新旧元素的融合，这是现代徽派建筑的重要特点之一。设计师将传统的徽派建筑材料和新型建筑材料相结合，打造既有历史感又有现代感的建筑。设计师可采用新型建筑材料来表现传统徽派建筑元素，如在官厅、走廊采用新型建筑材料表现马头墙造型。新型建筑材料可以是混凝土、钢、玻璃或其他现代建筑材料。新型建筑材料与传统的砖、木、石建筑材料相结合，在形态、质感、颜色等方面完美结合，使徽派民宿更坚固、美观，满足当代人的需求。

第三节　发挥徽派建筑的价值

一、徽派建筑在国内外的影响力

徽派建筑作为中国优秀传统建筑的代表之一，具有较大的国内外影响力。

（一）徽派建筑在国内的影响力

徽派建筑在国内具有较大的影响力。徽派建筑展现出精湛的技艺和独特的风格，成为独特的人文景观。徽派建筑具有丰富的文化内涵和较高的历史价值。其在国内的影响力主要体现在以下几方面。

1. 体现地域文化特色

徽州拥有丰富的徽派建筑，这些建筑以其精湛的技艺和独特的风格成为当地的名片，体现出徽州的地域文化特色。徽派建筑承载着徽州文化，再加上当地民俗和特色美食，使当地成为吸引人们了解和探访的旅游区。

2. 传承和发扬传统技艺

徽派建筑中的木雕、砖雕、石雕等，历经数百年沉淀与积累，技艺精湛，具有独特的艺术风格。现代徽派建筑在传承传统徽派建筑技艺的基础上，融入现代设计理念和技术手段，焕发出新的生命力。

3. 促进文化旅游产业发展

传统徽派建筑作为重要文化遗产，吸引着大量国内外游客前来参观。徽派建筑在一定程度上推动了当地文化旅游产业的发展，带动了当地经济发展。

（二）徽派建筑的国际影响力

徽派建筑在国际上亦具有很高的声誉。徽派建筑的精湛技艺、独特风格以及丰富的文化内涵，使其受到了世界各地学者和建筑爱好者的高度关注和赞誉。在国际建筑领域，徽派建筑作为中国传统建筑的一个代表，对外国人了解中国建筑文化具有重要参考价值。徽派建筑的国际影响力主要体现在以下几方面。

1. 推动中外建筑文化交流

徽派建筑在国际上的高声誉使徽派建筑文化成为中外建筑文化交流的重要内容。徽派建筑以其独特风格和技艺吸引了众多国际建筑师和设计师前来学习。国内的建筑师和设计师利用徽派建筑，开展国际交流和合作，推动中外建筑文化交流。

2. 彰显中华文化魅力

徽派建筑作为中国传统建筑的代表之一，在国际上具有很高的知名度。其独特的建筑风格和精湛技艺展现了中华文化的魅力和博大精深，为世界各国人民提供了一扇了解中国历史和文化的窗口。徽派建筑文化的国际传播扩大了中华文化的国际影响力。

3. 提高中国传统建筑的国际地位

徽派建筑在国际建筑领域被视为中国传统建筑的一个独特代表，有助于提高中国传统建筑的国际地位，推动世界人民对中国传统建筑的了解。这对弘扬和传播中国传统建筑文化具有重要意义。

另外，徽派建筑在国内外的影响力也体现在其对现代建筑设计的启示上。许多现代建筑师从徽派建筑中汲取灵感，运用徽派建筑的元素和设计理念，将传统元素与现代元素相结合，打造出具有特色的现代建筑。

二、徽派建筑的国际地位

徽派建筑在空间布局、结构、装饰等方面展现出独特的魅力，成为

全球建筑学者和设计师的学习和研究对象，在国际上拥有较高的地位。传承和发展徽派建筑，传播徽派建筑文化，有利于促进国际文化交流。

（一）体现中国建筑的独特魅力

徽派建筑作为中国传统建筑，凝聚了中国人的智慧，体现了中国人对人与自然和谐共生的追求。徽派建筑以其优雅的造型、精湛的技艺和独特的空间处理手法，在世界建筑领域占有重要地位，体现了中国建筑的魅力。

1.具有区域性特征

徽派建筑起源于徽州，其建筑特色受到当地地理环境、气候条件以及社会文化等多种因素的影响。这种区域性特征使徽派建筑区别于其他地区的建筑，成为世界建筑中的一种独特的建筑。

2.具有独特的建筑形式与风格

徽派建筑在造型、空间布局、装饰等方面具有鲜明的特点。例如，马头墙、白墙、黑瓦、雕花窗格以及庭院式的空间格局，充分体现了徽派建筑的特色。

3.融合传统建筑元素与现代元素的设计理念

如今的徽派建筑设计师在传统徽派建筑元素的基础上，不断进行创新，实现了传统建筑元素与现代元素的有机结合。新的徽派建筑在保留传统徽派建筑特色的同时，具有实用性、舒适性，能满足当代人的需求。这种设计理念为世界建筑设计提供了一个典范，为其他建筑的设计师提供了参考和创意灵感。

4.具有丰富的文化内涵

传统徽派建筑承载着历史与文化，具有丰富的文化内涵。传统徽派建筑的中轴线对称布局、庭院、天井、马头墙、青瓦白墙、木结构、"三雕"装饰等，都体现了徽派建筑的丰富的文化内涵。

（二）成为全球建筑学者和设计师的研究对象

徽派建筑具有独特的技艺和风格，吸引了全球建筑学者和设计师的关注。这些专业人士研究徽派建筑的空间布局、结构、装饰和文化内涵等。建筑设计师可以从徽派建筑中汲取灵感和经验，在现代建筑设计中进行创新。徽派建筑在这方面具有以下优势。

1. 建筑结构

徽派建筑采用穿斗式结构，将柱、梁、斗、卯等构件组合成一个稳定的空间体系，既实用，又美观。这种建筑结构可以承受较大的荷载，使建筑物在抵御地震、风时具有较好的稳定性。建筑设计师可以从徽派建筑结构中借鉴经验，将这些经验用于现代建筑设计。

2. 建筑材料

徽派建筑材料以木材、砖、石材、石灰等为主。传统建筑材料在徽派建筑中得到了充分利用。这些建筑材料的运用为现代建筑设计师提供了参考，使设计师在建筑设计创新中寻求运用传统材料的新的可能。

3. 建筑装饰

徽派建筑在装饰方面具有很高的艺术成就。砖雕、石雕、木雕、彩绘等各种装饰使徽派建筑充满了民间气息。建筑设计师可以从这些装饰中汲取灵感，为现代建筑设计增添趣味与文化底蕴。

4. 空间布局

徽派建筑的空间布局讲究与周围自然环境相融合，讲究中轴线对称。徽派建筑的庭院、轩廊、厅堂等各个空间相互关联，既具有私密性，又有足够的采光和通风。这种空间布局为现代建筑设计师提供了参考。

（三）促进国际文化交流

徽派建筑作为中华优秀传统文化的载体，能够促进我国与其他国家

的文化交流。拥有很多传统徽派建筑的西递村、宏村等被联合国教科文组织列为世界文化遗产，使更多国家和地区的人了解徽派建筑。同时，徽派建筑也能吸引全球范围内的建筑师、设计师以及建筑爱好者前来学习、交流。

三、保护和利用徽派建筑

（一）加强徽派建筑保护和修复

要传承、弘扬徽派建筑文化，先要加强对这些古建筑的保护和修复。这意味着要制定科学合理的保护规划，对古建筑进行适度修缮，同时要尊重其原有的历史风貌。政府、企业和社会力量共同努力，为后人留住这些文化遗产，使之得以永续传承。

（二）开展徽派建筑研究

深入研究徽派建筑的历史、空间布局、结构、装饰等，挖掘徽派建筑的历史价值、文化价值、艺术价值等，弘扬徽派建筑文化。可搭建跨学科研究平台，汇集专家、学者的力量，深挖徽派建筑的内涵，为后人提供丰富的研究资源和研究成果。

1. 建立跨学科研究平台

为了更好地研究徽派建筑，挖掘徽派建筑的历史价值、文化价值和艺术价值，可搭建一个涵盖建筑学、艺术史、民俗学等多个学科的研究平台。这种跨学科的研究方式能够为专家、学者提供全面的研究视角，使专家、学者可以从不同角度研究徽派建筑的历史演变、艺术价值、建造技艺以及文化内涵等。

2. 汇集专家、学者力量

徽派建筑研究需要汇集专家、学者的智慧和力量。可举办学术研讨

会、学术交流活动等，开展项目合作，邀请国内外建筑、艺术、历史等领域的专家、学者共同探讨与徽派建筑相关的问题、对徽派建筑进行深入研究。

3.深入挖掘徽派建筑的内涵

研究徽派建筑不仅要关注其独特的艺术风格和建造技艺，还需要深入挖掘其背后的历史和文化内涵。例如，可以利用考古发掘、文献研究和田野调查等多种手段，深入了解徽派建筑的起源、发展、地域特征以及徽派建筑与当地社会、经济、文化等的联系。

4.传播研究成果

为了让徽派建筑的研究成果更好地服务于弘扬徽派建筑文化，可及时出版相关的专著、论文集、教材等，使徽派建筑的研究成果得到广泛传播和应用。也可以利用数字化技术和网络平台，实现徽派建筑研究成果的多元化传播。

5.培养后备研究人才

在开展徽派建筑研究的过程中，要重视对青年学者和研究生的培养。通过实施科研项目、组织暑期研究活动和开展田野调查等方式，培养一批对徽派建筑有浓厚兴趣和独特见解的研究人才，为徽派建筑研究培养后备人才。

（三）普及徽派建筑知识和文化

通过教育、展览和文化活动等，让更多人了解徽派建筑的魅力和价值。可在学校课程中增加徽派建筑知识，还可以开展徽派建筑专题展览，组织相关文化活动，使公众了解徽派建筑的文化内涵和价值。

（四）推动徽派建筑在现代建筑设计中的应用与创新

建筑设计师可以将传统徽派建筑元素和设计理念融入现代建筑设计

中，使现代建筑既具有时代感，又具有传统文化内涵。建筑设计师在设计过程中，可汲取传统徽派建筑的精髓，创新设计理念，运用现代技术手段，将传统建筑元素和现代元素有机结合，打造出具有时代特色和文化底蕴的建筑。

1. 学习传统徽派建筑的设计理念

为了在现代建筑设计中融入徽派建筑的精髓，建筑设计师需要深入学习徽派建筑的设计理念，了解徽派建筑空间布局、结构和装饰等。这有助于设计师在建筑设计中使建筑具有独特风格和文化内涵，同时使建筑具有现代功能，满足人们的需求。

2. 尊重地域文化和环境特征

设计师在现代建筑设计中应用徽派建筑元素和设计理念，要充分尊重当地的地域文化和环境特征。这意味着在建筑设计过程中，设计师要充分考虑建筑所在地的气候条件、地形地貌、人文因素等，使建筑与周边环境和谐共生。

3. 创新设计理念，运用现代技术手段

设计师将徽派建筑元素融入现代建筑设计，需要在传承传统建筑文化的同时有所创新，既保留徽派建筑的传统特点，又在设计理念上进行创新，并运用现代技术手段。例如，设计师可以运用现代建筑材料和结构，提高建筑的节能环保性能，同时保持徽派建筑的审美特征。

4. 使传统建筑元素与现代元素有机结合

建筑设计师在设计中将传统徽派建筑元素与现代元素有机结合，需要寻求两者在形式、功能和文化内涵上的共同点。在现代建筑设计中，设计师可以灵活运用徽派建筑的空间布局、造型和装饰元素等，打造出既具有徽派建筑特色又满足如今人们生活需求的建筑。

5. 加强实践和交流

推动徽派建筑在现代建筑设计中的应用与创新，建筑设计师需要在

实践中不断探索和总结经验。建筑设计师应积极参与各类实践项目，结合自身创作风格和特长，将徽派建筑元素与现代建筑设计相融合。同时，设计师可参加国内外的建筑设计方面的交流与合作，交流经验。

第九章 新时代徽派建筑的传承与再生展望

第一节 徽派建筑文化与现代建筑设计理念充分融合

一、徽派建筑元素在现代建筑中的应用形式

设计师在现代建筑设计中可恰当地运用传统徽派建筑元素。设计师要很好地利用徽派建筑元素，不仅要了解徽派建筑的特点，还要了解徽派建筑的文化内涵。为了保证在现代建筑中运用徽派建筑元素的良好效果，设计师还需要了解徽派建筑元素在现代建筑中的各种应用形式。

（一）徽派建筑元素符号化应用

在现代建筑设计中，设计师可以适当地引入徽派建筑元素，从而使建筑显得古朴、典雅、趣味盎然。设计师可以对传统徽派建筑元素进行符号化应用。设计师可对徽派建筑整体结构进行解构、分析，然后将其

分解成的符号和元素进行重新组织，使徽派建筑元素仅保留其最原始的形态和最重要的特征。转译是人们常用的一种分析建筑原始符号并探索其背后意义的方法，转译步骤包括建筑分解、建筑元素与符号简化、建筑元素与符号变形、建筑元素与符号拼贴以及建筑元素与符号重组等。设计师在转译徽派建筑符号时，需结合当代人的审美特征对徽派建筑进行分析、解构、重组等，以便更好地运用徽派建筑元素。设计师对线条的描绘应尽可能简单，或在保留徽派建筑传统风采的基础上，尽可能简化符号和元素。此外，设计师还需重新组合现代建筑整体造型与传统徽派建筑元素，尽量使传统徽派建筑元素与现代建筑融为一体，既实现对传统徽派建筑文化的传承，又使现代建筑满足如今人们的需求。为成功运用徽派建筑元素符号，设计师应在保留传统徽派建筑特色的同时，增强现代建筑的实用性，从而设计出既美观又实用的现代徽派建筑。

（二）色彩应用

徽派建筑的颜色是其显著特征之一。徽派建筑以黑色、白色和灰色为基调。比如，徽派建筑的墙面一般涂抹成白色，屋顶覆盖青瓦，这赋予了徽派建筑典雅之美。这种色彩搭配符合当代人的审美观念。在现代建筑设计中，设计师可以将徽派建筑的色彩与其他色彩相结合，例如，将灰、白色的墙面与钢、玻璃完美结合，呈现出充满韵味的极简设计风格。中国徽州文化博物馆便是一个典型例子，采用了徽派建筑传统的色彩，以黑色、白色和灰色为主色调。这使中国徽州文化博物馆展现出一种沉稳、大气、典雅的意境美。

（三）材料应用

在现代建筑设计中，设计师可将传统徽派建筑材料和现代建筑材料

相结合，使建筑呈现出传统徽派建筑的特点，同时使建筑也具有现代特点。设计师可以用传统的青砖、青瓦和现代的水泥、钢筋等建筑材料。为确保现代建筑具有徽派建筑的整体风格，设计师可以考虑将文化石、木材、青砖、钢材、陶土砖等建筑材料配合使用。

二、徽派建筑元素在现代建筑中的应用方法

徽派建筑的传承与发展长期以来一直是建筑学界关注的焦点。在20世纪，众多专家、学者对徽派建筑的传承和发展进行了深入的研究和实践，设计、建造出大量优秀建筑。这些建筑为人们研究和设计徽派建筑提供了启示。安徽合肥市的亚明艺术馆是这些建筑中具有代表性的建筑。该建筑的设计师巧妙地利用当地的地理环境，使建筑依据地形布局，并采用不同的层高，让庭院错落有致、空间变化丰富，给观者带来丰富的视觉层次感。在建筑风格上，设计师将徽派民居的特色融入亚明艺术馆。合肥琥珀山庄是一个现代居住小区。该小区的建筑设计师在设计时，对传统的马头墙和坡屋顶进行了简化，并应用现代技术，但仍保留了徽派建筑连绵起伏的神韵。在该小区的建筑色彩上，设计师大胆使用红色瓦替代传统徽派建筑的黛瓦，使建筑更符合当代人对建筑色彩的审美取向。黄山玉屏府的建筑采用黑、白、灰色调，有白墙、灰砖、灰瓦、坡屋顶、马头墙，将徽派建筑元素抽象、简化，并与周围环境完美融合。黄山的云谷山庄将传统民居建筑与旅游景区相结合，实现了自然、文化、建筑的完美融合，是成功的新徽派建筑。那么，设计师如何很好地将徽派建筑元素应用于现代建筑设计呢？下面具体介绍徽派建筑元素在现代建筑中的应用方法。

（一）屋顶

建筑设计师可从传统徽派建筑屋顶的形态、结构、构件和色彩等方面汲取设计灵感，并利用现代建筑材料和现代技术，使建筑既有传统徽派建筑特征，又符合大众审美观念，具有时尚感。将传统徽派建筑屋顶元素用于现代建筑设计的具体方法如下：

1.抽象、简化

抽象、简化是现代建筑设计师常用的手法。设计师通过抽象、简化，对传统建筑元素进行变形处理，强调建筑结构的几何关系和现代审美特征。设计师可在建筑设计中对传统徽派建筑的坡屋顶进行抽象、简化处理，实现传统元素与现代元素的融合，打造具有独特个性和时代特征的建筑。为此，设计师需要先了解传统徽派建筑坡屋顶的特征，了解其构成。设计师对坡屋顶进行变形处理，要将其分解为面和边界线，分析各个面之间的关系。设计师通过对坡屋顶进行简化处理，可凸显现代建筑的简洁、明快特征。

2.体块变形

设计师可将徽派建筑的坡屋顶视作一个体块，然后通过加减法创造各种建筑造型。设计师先要分析传统徽派建筑的体块结构，了解其空间组织特点，然后在保留传统徽派建筑基本结构的基础上，通过添加新的建筑体块，如阳台、楼梯、过街天桥等，改变传统建筑形式的单一性。这既可以增强建筑的功能性，又可以丰富建筑空间形态和观者的视觉体验。设计师还可以对建筑体块进行减法处理，通过切割、挖空等减法操作，去除坡屋顶体块的部分结构，打造新的建筑形态。例如，设计师可将部分坡屋顶切割成平台、花园等，以满足人们的生活需求，同时使建筑具有独特的视觉效果。建筑师还可以对传统坡屋顶体块进行变形处理，使建筑形式更加多样化。例如，设计师可将坡屋顶从原来的简单形状变

为折线形、弧线形或波浪形等形状，以呈现出独特的设计风格，使建筑具有视觉冲击力。设计师在进行建筑体块变形设计时，要充分考虑建筑与环境的关系，通过调整建筑体块的方向、高度和形态，使建筑与周边环境形成和谐共生的关系，从而提升建筑的品质。

3. 隐喻手法的运用

隐喻手法在现代建筑设计中的运用有丰富的表现力。设计师可运用隐喻手法，对传统建筑元素进行抽象、简化处理，并将其与现代元素相结合，实现外在形式与内在精神的统一。例如，设计师可用隐喻手法对传统徽派建筑的屋脊、檐下斗拱等元素进行简化处理，剔除一些装饰和细节，凸显其核心特征，使其更具现代感。设计师可将传统徽派建筑中的屋脊抽象为简洁的线条形状，或将檐下斗拱简化为几何图形，实现现代设计语言的隐喻表达。这样的设计不仅能体现建筑的现代特征，还能通过传统建筑元素的隐喻表达，传承传统建筑文化。

（二）粉墙

粉墙作为徽派建筑的典型元素，不仅发挥墙的作用，还能给人以清晰的空间层次感和独特的视觉效果。在现代建筑设计中，设计师可以利用徽派建筑的粉墙，为使用者营造相对安全、私密的空间，使建筑符合使用者的需求。在保温和节能方面，设计师可以采用大面积的双墙，按传统墙体形式设计里层墙，选用玻璃砖建造外层墙。里外墙之间有空间相隔，这使墙既有传统的墙体功能，又具有保温作用。设计师还可以用少许绿色植物装点素雅的墙面，营造出清幽园林的意境。

如今，大部分建筑用现代材料来体现传统粉墙的特色，少数建筑仍沿用传统徽派建筑的粉墙建造工艺。设计师可以提炼、改造传统徽派建筑的粉墙，使其与现代建筑相融合，升华建筑意蕴美。例如，上海九间堂的墙就是对传统徽派建筑元素的简化和提炼，既具有传统徽派建筑意

蕴，又展现了时代特征和活力。

（三）马头墙

徽派建筑的马头墙具有鲜明的地域特征，一直被视为徽州文化的代表符号。在现代建筑设计中，设计师可以将马头墙原来的复杂瓦脊抽象、简化、提炼为灰边，凸显墙面曲折效果。例如，上海万科第五园运用了徽派民居马头墙建筑符号，对马头墙进行了简化，凸显简约、大气的建筑风格。

（四）窗

传统徽派民居在开窗方面非常讲究，很少在外墙上开窗户，若必须在此开窗，一般会开一个类似小洞口的窗户。这种洞口式的窗户开在白墙上，既美观，又使建筑具有通透感。有些现代建筑也采用了小窗设计，借鉴了徽派建筑的开窗设计。例如，有些现代建筑的白墙采用了高墙多窗、高墙低窗的设计，这些开窗就类似徽派民居中的高墙小窗。

（五）门头

门头也是传统徽派建筑元素。设计师可以在现代建筑设计中对传统的门头进行适当简化，然后应用简化的门头。例如，设计师可以将传统门头烦琐的曲线转变为直线，以简洁的线条来勾勒门头的轮廓，去掉门头上的石刻装饰，在保留传统门头大体式样的基础上，使其更具现代感。在简化门头时，设计师应尽可能保留其核心特征。这样，门头即使经过简化处理，也能让人一眼就看出其具有徽派建筑风格。在简化门头的基础上，设计师还可以适当地在门头处加入现代元素，如简约的灯光、现代艺术装饰等。另外，设计师还要注意保证门头的功能性，考虑建筑的

空间利用、采光和通风等，可以适当运用现代建筑材料，如钢、玻璃等，以实现美观与实用的统一。这样的设计既能保留传统徽派建筑门头的主要特征，又能增强建筑的实用性和现代感。

（六）色彩

黑、白、灰是徽派建筑的主色调。在现代建筑中，人们也经常看到大面积白墙、灰瓦与钢铁、玻璃的搭配。这样的建筑重现了徽派建筑的黑、白、灰组合，给人一种淡雅的感觉。这样的色彩运用既是对传统徽派建筑色彩的传承，又展现出鲜明的建筑色彩特点。

（七）天井

在徽派建筑中，天井也是代表性元素，是"四水归堂"的水之归处。设计师在进行现代建筑设计时，可从以下几方面设计天井。

1. 高度

天井在徽派建筑中具有独特的空间特征。高度是区分"井"与"院"的重要条件。相较于院落，天井具有更高的空间和相对封闭的环境，使建筑内部具有独特的光影效果。

设计师可利用天井的高度，在现代建筑设计中创造出丰富的空间层次感，使建筑内部空间具有较好的立体感和视觉延展性。天井有利于调控室内光线，引入自然光。这种设计不仅有利于降低能耗，还能为室内空间营造出温馨、舒适的氛围。设计师做好天井的高度设计，还有助于室内空气流通，有利于建筑内部通风和散热；也可以增强建筑空间的私密性，为居住者营造安静、相对封闭的生活环境。

2. 位置

在传统徽派建筑中，天井的位置具有重要意义，不仅是空间布局的关键因素，也体现了兼顾光线、通风和空间效果的重要设计考量。现代

建筑设计师可将天井置于庭院的侧面，使天井与相邻建筑空间拼接，可以让光线和新鲜空气进入室内，为居住者提供良好的居住环境。天井的设计也有助于实现建筑功能区的划分。设计师通过设置不同位置的天井，可以明确区分出各种功能空间，如客厅、卧室、书房等，使建筑空间更加有序、合理。

在天井设计中，设计师应注意使天井的位置有利于保护居住者的隐私，同时为建筑内部营造出优美的景观。天井的侧面位置应与周边环境形成一定的隔离，保障居住者的隐私；天井的内部景观可以成为居住者视线的焦点。

3.通风

在徽派建筑中，天井的设计关注了通风问题。传统徽派民居大多采用大进深、小天井的设计，这种设计对现代建筑设计师具有启发意义。在现代建筑设计中，设计师可以设计多个天井，打造楼井式结构，使天井与上部天窗相通。这种设计可以有效地引导空气流动，保证建筑内部有良好的通风效果、空气新鲜。

4.装饰

天井在建筑中也有装饰作用。例如，设计师可在建筑设计中进行内天井设计。内天井可直通顶层，有助于采光和通风换气。阳光与月光可通过内天井进入房间，与暗处形成鲜明对比，这种光影可使建筑内部美感尽显。

第二节　徽派建筑元素促进现代建筑设计高效发展

传统徽派建筑元素在现代建筑设计中的运用，将传统建筑元素与如今人们的审美观念相融合。这种融合使得现代建筑设计更加多样化，有助于满足不同人的审美需求。传统徽派建筑体现了"天人合一"的设计

理念，讲究人与自然和谐共生。设计师在现代建筑设计中运用这种理念，有助于提升建筑与环境的协调性。设计师将传统徽派建筑元素融入现代建筑，还有助于传承徽派建筑文化，丰富现代建筑的文化内涵。这种文化传承不仅有利于提高设计的品质和价值，也促进了徽派建筑文化的传播与发展。总之，通过对徽派建筑元素的研究和运用，设计师可以不断探索新的设计理念和方法。这种创新将推动现代建筑设计高效发展，提升建筑设计的竞争力。

一、徽派建筑中五大元素的优点

（一）马头墙的优点

马头墙作为徽派建筑的重要元素，具有实用功能和独特的审美价值。马头墙在房屋两侧的山墙上高出屋脊，具有阶梯状结构。这种设计既能保证建筑结构的完整性，又能有效阻断火源，防止火灾蔓延。因此，马头墙在徽派建筑中起到了重要的安全防护作用。马头墙还具有独特的艺术表现力。马头墙线条流畅，造型简约、大方，使建筑更加美观。在现代建筑中，马头墙逐渐演变成一种具有地域文化特征的装饰语言，展现了徽派建筑的独特韵味。

（二）点窗的优点

点窗不仅体现了古徽州人的生活习惯和审美观念，还具有独特的艺术价值和实用功能。

点窗虽小，但形态丰富，具有装饰作用。点窗内部的纹样多采用镂雕技法，形式感强，且内容丰富。这种设计既增添了建筑的美感，又体现了古徽州人的高超技艺和独特审美观念。

点窗的设计也体现了古徽州人对家庭安全的重视。徽商长期在外经

商，家中留有老弱妇孺。点窗有利于防贼、防盗，有利于家人的人身和财产安全。同时，这种设计也为徽派建筑营造了独特的空间氛围，窗户较小，但采光、通风效果良好。小窗设计还为居住者提供了私密空间。点窗使徽派建筑空间充满了趣味和生活气息。

点窗的设计与徽州文化密切相关。窗纹图案寄托了居住者的美好期望，如书房的冰裂纹隔窗表达居住者的入仕之心，厢房的五福捧寿图窗户寓意五福临门，等等。这些寓意丰富的点窗装饰图案体现了徽派建筑的文化底蕴，传承了徽州文化。

（三）粉墙的优点

粉墙在徽派建筑中扮演着重要角色。粉墙不仅具有实用功能，也体现了徽派建筑的审美特点，体现了当地特有的人文风情。

粉墙在青瓦、小桥、流水、远山的衬托下，展现出徽派建筑独特的艺术韵味。粉墙与周围的自然环境相融合，不仅体现了徽派建筑师对美的追求，也体现了"天人合一"的设计理念。

粉墙在徽派建筑中有空间划分功能。墙体错落林立，既划分了建筑空间，又增添了整体空间的层次感。此外，粉墙的质感和色彩给人以宁静、典雅的感觉。粉墙有利于营造良好的居住环境。

粉墙的制作采用传统的工艺，采用土石灰、白泥等天然材料。这些材料具有良好的透气性和保温性，有利于保持室内温度稳定，降低能源消耗。

（四）人字形屋顶的优点

人字形屋顶是徽派建筑中具有代表性的元素之一，在徽派建筑中起到了至关重要的作用，既体现了徽派建筑的地域特色，又展现了独特的

艺术魅力。人字形屋顶的线条和形式让建筑显得和谐、优雅。大型徽派民居的脊头有鳌鱼、仙鹤等图案；小型徽派民居采用瓦竖砌方式，简单、朴实，有地方特色。人字形屋顶的巧妙设计赋予了徽派建筑独特的美感和文化底蕴。

人字形屋顶具有实用性，具有排水功能。徽州多雨，人字形屋顶能有效地引导雨水流向两侧，避免屋顶积水，确保建筑的安全性和稳固性。同时，人字形屋顶还具有较好的抗风性能，有利于降低屋顶受风压力，提高建筑物的抗风能力。

人字形屋顶的设计和施工具有可持续性特点。人字形屋顶采用青瓦和传统手工艺，既环保，又经久耐用。人字形屋顶构造简单，易于维护和修复，有利于建筑物被长期使用。

（五）门楼和八字墙的优点

门作为徽派建筑的重要组成部分，既具有实用性，又具有艺术性和文化内涵。徽派建筑的门包括门楼和八字墙。门楼有砖雕、石雕等装饰，这些装饰细腻、华丽，展现了徽派建筑独特的艺术风韵。八字墙也有精美的雕刻和图案，体现了古徽州人的审美观念和文化底蕴。

徽派建筑的门楼为"门网"状，具有较好的通风、采光功能，并有利于家庭成员和客人的出入。八字墙与门楼、影壁组合，起到保护隐私的作用，增强了建筑的实用性。此外，门楼的装饰和形式也反映了主人的生活状态和家族气派。

在现代建筑设计中，设计师运用门楼这一徽派建筑元素，可以使现代建筑具有传统徽派建筑风格，使现代建筑具有地域特色和文化韵味（图9-1）。这种传统元素与现代元素的融合，有助于促进现代建筑设计的创新和发展。

图 9-1 黄山环翠堂餐厅门楼

二、徽派建筑元素在现代建筑设计中的创新运用

（一）简化的马头墙

在现代建筑设计中，马头墙这一徽派建筑元素得到了广泛运用。例如，谢裕大茶叶博物馆展现了现代建筑设计中马头墙的创新应用。在谢裕大茶叶博物馆的设计中，马头墙的繁杂瓦脊结构被简化为灰边的线框形式，有利于曲折墙体形态的凸显。这种简化与提炼使得马头墙更加适应现代建筑的需求，同时保留了马头墙独特的文化韵味。在谢裕大茶叶博物馆外立面的北面墙体和门头上方，设计师提取了马头墙阶梯状的轮廓线条，并将其倒置。这种倒置的设计是对传统建筑元素的创新呈现，增强了现代建筑的趣味性和创意性。

（二）点窗的新用

徽派建筑元素点窗在现代建筑设计中的运用具有许多优势，能够优化建筑的视觉效果并增强空间的艺术感。点窗以其小巧和精致为现代建筑增添了典雅的视觉效果。简约的白墙上的小开窗使建筑更具美感和活力，呈现出极具特色的艺术风格（图9-2）。点窗往往采用镂雕技法，成为精美的艺术品。这种装饰性的点窗不仅增强了建筑的艺术感，还能给人一种美的享受，赋予现代建筑更丰富的文化内涵。

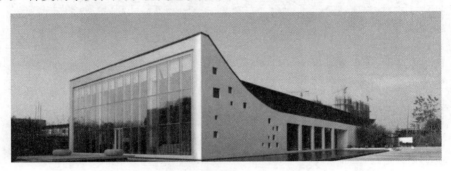

图9-2　双曲坡屋面与彩窗

黄山市徽州雕刻博物馆正立面的设计就充分体现了点窗元素的灵活运用。该博物馆的设计师在保留传统高墙、点窗组合的基础上，调整墙面开窗的大小和位置，满足了当代人的使用需求，也为建筑外观增添了趣味。其采用了镂雕结合玻璃长窗的设计，既保留了点窗的传统特色，又有效地增加了室内光线，提升了建筑的通风效果，营造了舒适的建筑空间。这种设计既体现了对传统文化的传承，也使现代建筑具有独特的魅力。

（三）粉墙的新用

徽派建筑元素粉墙在现代建筑中的应用，不仅能赋予建筑独特的美

学特征，还有利于营造舒适宜人的生活环境。在现代建筑设计中，设计师常使用黑、白、灰作为主色调，这种极简主义的色彩搭配能展现出建筑的清雅、朴素特点。徽派建筑的粉墙正好符合这种极简主义的设计理念。设计师可对徽派建筑的粉墙进行简化、变形处理，将其用于现代建筑中；也可以将粉墙与绿植、水景等相结合，增强空间的亲切自然之感；还可以使粉墙叠置、错落，增强空间的层次感，并使粉墙围合的空间具有安全性、私密性。

（四）人字形坡屋顶的"远山"效果

绩溪博物馆的设计师对传统徽派建筑的人字形坡屋顶进行了分解和简化，采用现代建筑材料将设计好的屋顶建造出来。这种屋顶既保留了传统徽派建筑特征，又具有现代建筑的特征。这种传承与创新的结合使得绩溪博物馆既具有文化底蕴，又呈现出现代感。该建筑层叠的人字形坡屋顶与马头墙相结合，形成独特的景致。人字形坡屋顶形似连绵的远山，赋予建筑独特的艺术魅力，如图9-3所示。经过分解、简化后的人字形坡屋顶显得更加轻巧，使建筑结构更加稳定。此外，屋顶的折曲处理也有利于排水，增强了建筑的实用性。

图9-3　人字形坡屋顶似远山

设计师在现代建筑中运用人字形坡屋顶，可以根据实际需求对人字形坡屋顶进行调整，如将青瓦移至墙体立面作为装饰，增强建筑的趣味性。这种灵活的设计可使现代建筑更具个性和创新性，为人们营造出既有历史韵味又有现代气息的生活环境。

（五）各元素灵活组合

现代建筑设计师可以灵活运用徽派建筑元素。例如，安徽建筑大学校门的设计灵感来源于八脚牌坊、砖雕和马头墙的组合。这种设计体现了对徽派建筑文化的传承，也体现了现代设计理念，展现出现代建筑宁静、简约的空间特点。在该校门设计过程中，设计师提取马头墙飞檐翘角和阶梯形态，对其进行抽象概括，将其组合成校门的主体部分。这种抽象化和简化处理，使得传统建筑元素在现代建筑中呈现出更为简约的美感，同时保持了其传统特点。另外，设计师在校门设计中去除了八脚牌坊的石刻装饰，改用镶嵌式的砖雕。这种设计突出了徽派建筑精美的砖雕艺术。设计师还简化了八脚牌坊繁复的线条，将牌坊所有的起翘、

曲线简化为直线，保留了原有牌坊的大致形态，对传统徽派建筑元素进行了创新运用（图9-4）。

图9-4　安徽建筑大学校门

综上所述，现代建筑设计师可运用现代建筑设计理念，对传统徽派建筑元素进行拆解、重组、简化、变形等，设计出符合人们审美观念的新徽派建筑。这样的设计可使现代建筑在保留传统文化底蕴的同时摒弃繁复的装饰，具有简约的风格。

三、徽派建筑元素在现代建筑设计中的应用实例

（一）安徽宏村南湖文化艺术中心

安徽宏村南湖文化艺术中心是一座集展览、表演、教育、交流为一体的现代建筑。在该建筑设计中，设计师充分运用了徽派建筑元素，如马头墙、白墙、黑瓦、人字形坡屋顶等。同时，设计师利用现代设计手法对这些元素进行创新和重构，如对马头墙进行简化，以清晰的线条凸显其特点，采用现代材料（如大面积玻璃）建墙面，既保留了徽派建筑

的特色，又使室内外空间具有通透感。外墙采用了典型的徽派建筑元素白墙、黑瓦。白墙、黑瓦具有清雅、朴素的美学特点。设计师还采用现代建筑材料和技术对墙面和屋顶进行处理，让传统元素与现代元素相融合。屋顶采用了徽派建筑中常见的人字形结构。设计师在设计中，对人字形坡屋顶进行了变形、重构，通过层叠和错落的方式，赋予了屋顶新的美学特征。现代材料的运用使得人字形坡屋顶更加轻盈。

南湖文化艺术中心还运用了徽派建筑中常见的庭院和水景元素。设计师利用现代设计手法对庭院布局进行优化，营造出宁静、和谐的空间氛围，同时，利用水景元素，为建筑增添了亲近自然之感。南湖文化艺术中心的窗户也具有徽派建筑的特点。例如，点窗的运用使得该建筑外观更加典雅且富有活力。同时，设计师将镂空雕刻与玻璃结合，使窗户既保留了徽派建筑的传统美学特征，又满足了现代建筑的采光需求。

（二）黄山市徽州雕刻博物馆

黄山市徽州雕刻博物馆是展示徽派雕刻艺术的现代建筑。在该建筑设计中，设计师巧妙运用了徽派建筑元素，如高墙、点窗等。设计师对墙面的开窗进行了适当调整，保留了高墙、点窗的组合，同时利用镂雕和玻璃长窗增加室内采光。该博物馆外墙采用了徽派建筑中常见的点窗元素。设计师在白墙上设计了小开窗，为简约的白墙增添了形式美感与活力。大小不一的窗户使墙面显得生动有趣。这种设计既体现了徽派建筑的传统美学特征，又满足了现代建筑对采光和通透性的要求（图9-5）。

图 9-5 徽州雕刻博物馆

徽州雕刻博物馆作为一个展示徽州雕刻艺术的博物馆，也运用了徽州雕刻艺术作为装饰。在该博物馆门窗的细节部位，设计师巧妙地运用了徽州雕刻艺术，将传统雕刻元素与现代元素相结合，展示出徽派建筑的独特韵味。

在空间布局上，徽州雕刻博物馆采用了与传统徽派建筑布局相似的庭院式布局。这种布局可以营造出宁静、和谐的空间环境。

（三）芜湖滨江公园

芜湖滨江公园充分体现了徽派建筑的特点，如其中有白墙、黑瓦、飞檐翘角等。同时，该公园又采用了现代设计手法，既具有传统徽派建筑的美感，又展现出现代感和活力，如图 9-6 所示。

图9-6 芜湖滨江公园

1. 白墙、黑瓦

芜湖滨江公园的建筑物充分运用了徽派建筑的经典元素白墙、黑瓦。这种设计使得该公园建筑物与周边自然景观构成了和谐的画面，给人一种宁静、简约的感觉。白墙在阳光的照射下显得明亮、干净，使得公园中的建筑物具有素雅的特点。黑瓦体现了徽派建筑的沉稳气质。黑瓦典雅、大气，为公园建筑增添了沉稳感。公园内既有白墙、黑瓦的建筑，又绿树成荫，花香四溢，呈现出一幅美丽的画卷。

2. 飞檐翘角

在芜湖滨江公园的亭子中，设计师充分运用了徽派建筑的飞檐翘角。这种设计体现了徽派建筑的精湛工艺，使整个公园更具特色和古典韵味。

飞檐翘角在徽派建筑中是一种典型的元素，外形像飞鸟，给人一种轻盈、优雅的视觉感受。在芜湖滨江公园的亭子设计中，设计师将飞檐翘角与现代建筑设计手法相结合，改变了传统徽派建筑元素的烦琐和复

杂，使亭子更加简约、大气，增强了亭子的现代感。飞檐翘角不仅提高了建筑物的美观度，还具有实用性。翘角的檐口可以将雨水引至某个点，避免雨水四溅，为人们提供干净、舒适的休闲环境。同时，翘角的设计还有利于室内空气流通，降低室内温度，使亭子在夏天能够为人们提供清凉的遮阳空间。

3. 空间布局

在芜湖滨江公园设计中，设计师充分利用徽派建筑庭院空间错落有致的布局，营造出宁静、优美的空间环境。设计师用步道串联各个景点，利用中式园林的造景手法，营造远离喧嚣的休闲环境。设计师还巧妙地应用了徽派建筑的马头墙、雕梁画栋等元素，使游客能够在公园中感受到徽派建筑的魅力。设计师利用植物和水景的布局，创造出层次丰富、变化多样的景观效果，使得整个公园既具有徽派建筑的特点，又有现代感。

第三节 徽派建筑文化传承、传播助力当代民族文化复兴

徽派建筑作为中国传统建筑的一个重要分支，源自古徽州，以其精湛的建造技艺、独特的风格和丰富的文化内涵广受赞誉。徽派建筑体现了徽州人的思想、审美趣味，具有很高的文化价值。传承和传播徽派建筑文化，有利于当代民族文化复兴。

一、强化民族文化认同

徽派建筑具有鲜明的地域特色和独特的风格。传承徽派建筑文化，有助于增强人们对民族文化的认同感，增强民族凝聚力。首先，徽派建筑承载了当地的历史、文化。对徽派建筑历史、文化和建造工艺等进行

深入研究，并传播研究成果，可以使当代人了解徽派建筑的历史价值和文化内涵。其次，现代建筑设计师可将徽派建筑元素融入建筑设计中，对徽派建筑布局、构造和装饰元素等进行巧妙运用，打造出具有地域特色和民族文化内涵的建筑。再次，可在学校和社会各类教育场所开展有关徽派建筑的展览和教育活动，让更多的年轻人了解徽派建筑及其蕴含的人文精神。这有助于培养年轻一代对民族文化的热爱之情，增强他们对民族文化的认同感。最后，徽派建筑具有鲜明的地域特色与深厚的文化底蕴，成为具有较强吸引力的文化旅游资源。开发与徽派建筑相关的文化旅游项目，可以有效地提升地域文化影响力和经济价值，进一步增强人们对民族文化的认同感。

二、增强文化自信

徽派建筑作为中国传统建筑，体现了中国人的卓越建筑技艺，具有丰富的文化内涵。徽派建筑注重对自然环境的利用，融合了自然元素与人文元素，具有优雅、和谐之美。徽派建筑具有精巧的构造、精致的雕刻以及寓意丰富的装饰图案，反映出中国人对美的追求和对自然的敬畏。徽派建筑作为一种独特的民族文化遗产，已成为国家文化名片。对徽派建筑进行研究，传承和传播徽派建筑文化，有利于激发人们对民族文化的兴趣，增强人们对传统文化价值的认同感，增强人们的文化自信，为民族文化复兴提供精神动力。

三、促进文化交流

徽派建筑可为其他地区的建筑设计师提供参考与启示。其他地区的建筑设计师可以学习、借鉴徽派建筑的设计理念与传统建造技艺，利用徽派建筑元素。现代徽派建筑设计师也可以借鉴其他地区建筑的优点。这就促进了地域文化交流，有利于推动中国建筑的发展。另外，在全球化背景下，国际文化交流和文化传播愈发重要。在国外传播徽派建筑文化，可以为其他国家的建筑设计师提供设计灵感和素材。这不仅有助于世界建筑的创新与发展，也有利于提高中国建筑的国际地位和影响力。国内外的现代建筑设计师都可以在设计过程中，深入研究徽派建筑，将徽派建筑元素与现代建筑元素相结合，打造出具有独特性的现代建筑，提升建筑的文化品位。

四、有利于复兴民间艺术

徽派建筑中有许多独具特色的民间艺术形式，如砖雕、石雕、木雕等。这些民间艺术是非物质文化遗产，具有很高的美学价值和文化价值。在人们对徽派建筑进行保护、研究和传承的过程中，与徽派建筑相关的民间艺术也得到传承。首先，对传统徽派建筑进行保护和修复，有利于保护其中的民间艺术作品，传承民间艺术。其次，当代徽派建筑设计师在建筑设计中传承徽派建筑文化，运用传统徽派建筑元素，也有利于传承徽派建筑中的民间艺术。徽派建筑中的民间艺术元素可以为当代建筑设计师提供丰富的素材和灵感。建筑设计师可以从徽派建筑中提炼经典的民间艺术元素，设计出具有时代特色和民族风格的建筑。例如，徽州三雕中的传统木雕题材广泛，形式多样；彩绘在传统徽派建筑中多用于装饰房梁、门楣、窗棂等部位，图案丰富，具有较高的艺术价值。建筑设计师可以从徽派建筑的木雕、彩绘的图案设计、色彩搭配等方面汲取灵感，发挥想象力和创造力，设计出独具特色的建筑，这有利于使民间木雕、彩绘艺术焕发新的生命力。

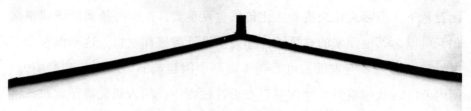

参 考 文 献

[1] 单德启．安徽民居 [M]．北京：中国建筑工业出版社，2009．

[2] 刘托，程硕，黄续，等．徽派民居传统营造技艺 [M]．合肥：安徽科学技术出版社，2013．

[3] 王小斌．徽州民居营造 [M]．北京：中国建筑工业出版社，2013．

[4] 肖鹏．画说徽州民居 [M]．武汉：湖北教育出版社，2012．

[5] 方利山．徽州宗族祠堂调查与研究 [M]．合肥：安徽大学出版社，2016．

[6] 刘仁义，金乃玲．徽州传统建筑特征图说 [M]．北京：中国建筑工业出版社，2015．

[7] 黄成林．徽州牌坊研究：基于徽州旧志的分析 [M]．芜湖：安徽师范大学出版社，2023．

[8] 胡时滨．徽州古村落构建文化研究：以宏村为例 [M]．合肥：合肥工业大学出版社，2017．

[9] 倪国华．徽州名人故居 [M]．合肥：安徽科学技术出版社，2019．

[10] 卞利，夏淑娟，张望南，等．徽州传统聚落规划和建筑营建理念研究 [M]．合肥：安徽人民出版社，2017．

[11] 黄山市文化和旅游局．徽州百祠 [M]．合肥：安徽美术出版社，2020．

[12] 李志新，单彦名，高朝暄．皖南徽州地区传统村落规划改造和功能提升：黄村传统村落保护与发展 [M]．北京：中国建筑工业出版社，2019．

[13] 方利山，汪炜．源的守望：徽州文化生态保护研究 [M].北京：中国社会科学出版社，2015.

[14] 陆林，凌善金，焦华富．徽州村落 [M].合肥：安徽人民出版社，2005.

[15] 计成．园冶 [M].北京：中国建筑工业出版社，2018.

[16] 汪正章．建筑美学 [M]，北京：人民出版社，1991.

[17] 楼庆西．中国传统建筑装饰 [M].北京：中国建筑工业出版社，1999.

[18] 王星明，罗刚．桃花源里人家：徽州古村落 [M].沈阳：辽宁人民出版社，2002.

[19] 周晓光，李琳琦．徽商与经营文化 [M].北京：世界图书出版公司，1998.

[20] 张小平．聚族而居柏森森：徽州古祠堂 [M].沈阳：辽宁人民出版社，2002.

[21] 刘沛林．古村落：和谐的人聚空间 [M].上海：上海三联书店，1997.

[22] 单德启．中国传统民居图说：徽州篇 [M].北京：清华大学出版社，1998.

[23] 樊炎冰．中国徽派建筑 [M].北京：中国建筑工业出版社，2012.

[24] 赵焰，张扬．发现徽州建筑 [M].合肥：合肥工业大学出版社，2008.

[25] 李毅，张凤江．裂变与选择：传统文化与现代化关系的历史探索 [M].沈阳：辽宁教育出版社，1996.

[26] 亚伯．建筑与个性：对文化和技术变化的回应 [M].2 版．张磊，司玲，侯正华，等译．北京：中国建筑工业出版社，2010.

[27] 段进，龚恺，陈晓东，等．空间研究 1：世界文化遗产西递古村落空间解析 [M].南京：东南大学出版社，2006.

[28] 唐力行．徽州宗族社会 [M].合肥：安徽人民出版社，2005.

[29] 潘国泰，朱永春，方咸达．安徽文化史：建筑·园林·雕塑部分 三 [J].安徽建筑，1999（1）：27–35.

[30] 韩冬青．类型与乡土建筑环境：谈皖南村落的环境理解 [J].建筑学报，1993（8）：52–55.

[31] 孙壮．符号学视野下当代徽派建筑形式表达研究 [D].苏州：苏州大学，2021.

[32] 黄雪峰．新徽派建筑内部空间研究 [D].合肥：合肥工业大学，2019.

[33] 郭俊杰."多维一体"的徽派文化艺术价值研究及传承：以雕刻为例 [D].
南京：南京师范大学，2019.

[34] 李群根.徽派建筑结构体系研究：以雕刻为例 [D]. 合肥：安徽理工大学，
2018.

[35] 姚媛.徽派建筑元素的美学价值及其在现代建筑设计中的应用研究 [D]. 北
京：北京建筑大学，2018.